효소영양학개론(F-자임의 영양학적 고찰)

Food Enzymes for Health & Longevity

[제2판 개정증보]

에드워드 하웰 저(서문 빅토라스 컬빈스카스)
김기태(이학박사), 신현재(공학박사), 김혜진 공역

한림원출판사

역자 서문 및 일러두기

현대를 살아가는 우리들이 직면하고 있는 전반적인 건강 상태는 여러 가지 면에서 많은 우려를 느끼게 하고 있다. 사망자 3명 중 1명이 암으로 사망하고 있으며, 심혈관 질환으로 인한 30, 40 대의 돌연한 사망 소식이 흔하게 들려오고, 비만의 위협으로부터 탈출하고자 하는 아우성 속에서 여전히 체중조절에 실패한 탄식의 소리들이 끊이지 않고 있다. 사실 최근에 들어서야 우리들이 보편적으로 누리고 있는 먹거리가 근본적으로 잘못되었고 그것이 바로 비만과 만성질환들의 원흉이라는 문제의식을 언론을 통하여 집중적으로 강조 받고 있다. 그 가운데서 "채식"과 "소식"은 아주 많이 강조되고 있는 대안적 식생활의 방향이며 다른 한편으로 큰 시장을 확대하고 있는 곡류가공식품 사업자들의 대대적인 선전을 통하여 "생식"을 해야 한다는 강조를 받고 있기도 하다.

에드워드 하웰 박사Dr. E. Howell가 저술한 여러 효소 영양학에 대한 저술을 접하면서 놀라게 되는 것은 저자가 이미 1940년대에 채식과 소식의 의미까지를 포괄하는 개념의 생식의 중요성에 대해서 이해하고 있었고, 식품에 담겨 있는 효소의 역할을 중심으로 그의 당위성을 설명할 수 있을 만큼 깊은 통찰력을 가지고 있었다는 것이다. 하웰 박사의 주장 중에는 아직까지 명쾌하게 과학적으로 입증할 수 없는 것들이 일부 있기는 하지만 인류가 생명과학의 발전을 통하여 많은 지식을 쌓아왔다고 할지라도 여전히 그 주장의 유효성을 결정적으로 훼손할 수 없을 정도로 치밀한 논리를 가지고 있다. 그만큼 저자는 당대의 많은 과학적 연구 결과들을 세밀하게 검토하면서 개념들을 정리한 것이다.

본서는 그 어느 때보다도 먹거리의 혁명에 관하여 활발하게 논의되어야 할 중요한 시점에서 대한민국의 국민들에게 꼭 읽혀져야 할 중요한 책이라고 생각되어서 번역을 하기로 하였다. 본 역자들은 "효소 영양학"이라는 혁명적인 개념이 현대인들의 먹거리 문화가 어떻게 잘못되어 있으며, 어떠한 방향으로 대안을 만들어가야 하는지에 대해서 중요한 실마리를 제공하고 있다고 확신한다. 이 책은 다양한 독자들을 모두 겨냥해서 저술된 책이라고 평가되기 때문에 의학과 영양학의 전문적인 분야에 종사하고 있는 사람들은 물론이고, 그렇지 않은 일반인들도 꼭 일독을 권하고 싶다.

역자들은 본서를 번역함에 있어서 독자들의 이해를 돕고 서술의 편리함을 도모하고자 몇 가지 용어를 새롭게 정의하여 사용해 보았다. 식품에 함유되어 있는 효소는 "F-자임", 소화를 제외한 인체의 다양한 생명활동에 관여하는 효소는 "M-자임", 소화에 관여하는 효소는 "D-자임"이라고 정의하였으며, 각각은 food enzyme, metabolic enzyme, digestive enzyme의 약자에서 채용하였다. 이외에 중요한 용어의 설명은 책의 부록 부분에 별도로 정리하였다.

책의 원문에 가급적 충실하고자 했던 번역의 노력과 역자들의 능력의 한계는 본 역서에서 대부분의 글들이 다소 어색하게 표현되는 결과를 낳았다. 이점에서 독자들의 넓은 이해와 양해를 구하며 많은 지적이 있기를 기대하고자 한다. 하지만 이 번역서가 이 땅에서 바른 먹거리에 대한 활발한 토론과 효소의 영양학적 중요성에 대한 체계적인 연구를 촉진하는 계기를 만들 수 있다면 그 응분의 역할을 감당하는 것이라고 여기고 그를 역자들의 보람으로 삼을 것이다.

끝으로 이 책이 출판될 수 있도록 그간에 여러 가지 도움을 주신 많은 분들에게 심심한 감사를 전한다. 또한 책의 판매에 대한 확신이 크지 않은 상황에서도 본서의 중요성을 인정하여 흔쾌하게 출판을 허락해주신 한림원의 김용우 사장님과 김홍중 상무님, 그리고 본 역서의 편집과 교정을 위해서 수고해주신 김지은씨에게도 큰 감사를 드린다.

2003년 3월 10일
대덕 연구단지에서 역자 일동

편집자 주

*'F-자임 개념'*의 효시라고 할 수 있는 이 책은 에드워드 하웰 박사에 의하여 저술되어 *'소화와 신진대사에 있어서 F-자임의 위상'*이라는 제목으로 1946년 처음 출판되었다. 저명한 영양학자로서 많은 저술과 강연을 수행하고 있는 빅토라스 컬빈스카스와 저자가 인터뷰한 내용을 추가하여 1980년에 재 발간하였다.

이번 판은 1980년 판의 제시된 모든 내용을 명확하게 만들기 위하여 약간 수정하고 조정한 것이다. 추가로 하웰 박사와의 최근 인터뷰를 포함시켰고 그 이전의 인터뷰는 부록에 실었다. 하웰 박사가 당시로는 혁명적이었던 *'F-자임 개념'*을 발달시키는데 도움이 되었던 학술적 문헌의 원래 자료를 보고 싶어하는 의사나 과학자, 연구원들을 위해 그 책에 인용했던 참고자료 목록을 부록으로 첨가하였다. 하웰 박사가 책을 쓸 당시에도 그의 논문을 뒷받침하는 논문들이 700여편이나 되었으나, 이 책에서는 400여편만을 인용했다. 그 당시에도 벌써 이 분야에서 이용할 수 있는 자료가 얼마나 많았는지 추측할 수 있을 것이다. 물론 그 이후에도 이 책의 주제에 관하여 수천건의 학술 논문이 발표되었다.

육체적 정신적 건강이 영양과 깊은 관련을 맺고 있다는 정보를 그 어느 때보다 많이 들어서 아는 일반인들을 위하여 이 책에 사용된 과학용어의 풀이를 책의 끝 부분에 실었다. 이 책을 통해서 하웰 박사의 선구자적 업적을 좀 더 잘 이해하게 될 뿐 아니라 독자들이 원기 왕성한 건강과 장수가 자신의 식생활 습관과 어떤 연관성이 있는지 좀 더 잘 이해하게 되기를 진심으로 바란다.

저자 서문

1934년, 나는 '*F-자임은 소화와 신진대사에 중요한가*'라는 제목의 짧은 원고를 준비하여 콜럼비아 대학의 H. C. 셔만 교수에게 한 부를 보내고 죤스 홉킨스 대학의 W. H. 하웰 교수에게 다른 한 부를 보내어 논평을 부탁한 적이 있다. 전혀 새로운 개념이었기 때문에 보다 확실하고 전문적인 지도를 받아야했다. 그러는 가운데서 본 주제와 관련 있는 몇몇 전문과학자들로부터 귀중한 제안들을 많이 받았다. 이 원고는 1939년에 썼으며 당시까지 출간되어 있던 약간의 문헌들을 포함하고 있다. 1939년 이후에 축적된 데이터와 본 원고에 포함되지 않은 자료들은 곧이어 출판되길 기대한다.

전혀 새로운 주제이기 때문에 지금까지의 노력이 완성도가 높고 확장된 저술을 위한 출발 이상이 될 것이라고 기대하지 않기 바란다. 비판할 수 있는 능력이 있는 분들께서는 이 책에 있을 수 있는 잘못된 사실과 논리의 오류를 지적하여 연락 주기 바란다.

'*F-자임 개념*'이 전혀 새로운 것이므로, 새로운 문제에 대한 과감한 접근이 용납되고 세간의 관심과 함께 이 주제가 마땅히 누려야 할 발전을 촉진하는데 필요한 것이라고 인정되기를 기대하고, 이 주제를 급하게 파노라마 식으로 제시함으로 인하여 생길 수 있는 조그만 논리적 실수나 사실의 오류는 용납될 수 있기를 희망한다.

목 차

서 론

지난 십 오 년 동안 생식의 섭취가 치료와 건강의 유지에 미치는 영향을 연구, 관찰하여 책을 집필하고 있는 나는 국립효소상사National Enzyme Co.를 통해 하웰 박사의 책을 입수하여 읽고는 그 내용에 압도되고 말았다. 나는 사람들에게 화식火食으로부터 탈피(또는 유지)하는 식생활 습관을 보완해주기 위해 수년 동안 외부(바깥의)에서 공급할 소화 효소Digestive Enzyme (이후 D-자임으로 표기)를 찾아서 그것을 가지고 실험해오고 있다. 내가 외부 효소의 섭취에 관해 찾아낸 것 중에서 최고의 책은 하웰 박사의 '소화와 신진대사에 있어서 *F-자임의 위상*'라는 제목의 책이었다. 그는 캡슐에 담긴 식물 효소가 음식물의 전소화predigestion에 가장 좋다는 걸 발견했다. 대부분의 의사들이 비타민이나 미네랄에 대해 아무 것도 모르고 "효소酵素 enzyme"라는 단어를 들어 본 사람도 거의 없었던 1939년에 이 책이 쓰여진 데에 감탄을 금할 수 없다.

고전이란 시간의 제한을 받지 않는 작품이다. 출판되고 40년이 지났지만 이 책은 그 어느 때보다 지금 더 유용하다. 건강과 영양학에 대하여 공부하는 모든 학생들이 이 진리들을 적용해 보아야한다. 나는 이 책이 과학적 영양학 분야에서 출판된 것 중 가장 중요한 책 중의 하나라고 느낀다.

하웰 박사는 모든 질병을 치료하고 완벽한 건강을 유지할 수 있는 과학적 모델을 누구보다 앞서 창조함으로써 다른 모든 영양학적 요법들을 능가하고 있다. 그의 시도는 창세의 전통(성경 창세기 1:29), 동물들의 자연적 영양의 패턴, 건전한 문화 생태적 식습관 등에 기초하고 있다. 나아가서, 그는 음식의 섭취에서 역사상 가장 뜨겁고 흥미진진한 토론거리 중의 하나인 "생식生食을 할 것인가? 화식을 할 것인가?" 라는 주제를 제시하고 있다. 중요한 영역은 다루지 않은 부분이 없을 정도이다. 보통 사람들도 쉽게 읽을 수 있을 뿐 아니라, 식습관을 바꾸려는 사람, 대부분의 신체적 정신적 질병을 고치기 위해 음식이 중요한 도구가 될 것이라는 점에서 영양학의 발전을 꾀하는 사람들에게 용기를 북돋아 줄 내용이다. 내가 믿기로는 효소가 풍부한 생식요법을 치료에 적용하여 해가 갈수록 점점 더 많은 사람들에게 있어서 생식을 하는 습관의 변화가 일어난다면 우리는 병을 없애고 대를 거듭할수록 수명이 늘어나 아마도 므두셀라를 비롯한 다른 성경의 족장들 시대에까지라도 도달할 수 있다.

후에 복음과 같은 진리로 인정되는 새로운 해석을 제안했다고 해서 옛날처럼 과학의 선구자들을 여전히 화형 시킨다면 나는 하웰 박사의 삶에 대해 많이 말하지 않겠다. "새로운 과학적 진리는 반대자들이 그 빛을 보고 믿게 함으로써 승리한다기보다 반대자들이 죽고 새로운 세대가 거기에 익숙해짐으로써 승리한다." 하웰 박사의 책이 벌써 두 세대가 지남에 따라 과학자 집단 그리고 보통 사람들 집단에서 그의 이론이 점점 더 많이 수용되고 있는 반면, 반대자들은 그들의 잘못된 식습관으로 말미암아 빨리 죽어가고 있는 것을 보고 있다. 심오한 과학적 변화는 의식 있고 책임 있는 과학자들이 자연을 동반자로 보고 일반인들에게 지혜를 가르쳐 그들이 스스로와 세상을 고칠 수 있게 해야 비로소 가능해 진다.

효소는 우리의 존재에 영향을 준다. 관절염, 당뇨병, 심장질환, 그리고 암 치료의 모든 단계 뿐 아니라 농업, 목축업, 포도주 발효, 한 요소가 다른 것으로 생물학적 변이를 일으킬 때도 효소가 사용된다. 효소가 없다면 우리는 문제에 직면하게 된다.

미국은 생태학적으로 열악한 상황이다. 나쁜 영양을 공급하여 피의 흐름을 방해함으로 말미암아 두뇌와 온몸으로의 산소 공급이 원활하게 되지 못하게 하는 생명 없는 가공 음식으로 말미암아 정신과 영혼이 자연과의 접촉점을 잃어버렸다. 자양분은 부족하고 유독 폐기물이 과도하게 쌓임으로써 65%의 미국인이 만성질환을 앓고 있으며 20%의 청소년들이 빨리 늙어가고 있다.

참으로 놀라운 것은 도합 수십 억 불을 쓰는 대학들과 사설 연구 기관들이 있음에도 불구하고 만연되고 있는 만성질환에 대한 그럴듯한 치료법이 나오지 않고 있는데 반하여, 40년 전 단 한 사람이 노화뿐 아니라 모든 인간 질병에 대해 대답을 할 수 있었다는 것이다. 하웰 박사는 비록 여전히 많은 논쟁을 불러일으키고 있는 근원적인 결론에 도달했는데, 이는 **우리들이 고통받는 퇴행성 질환의 전부는 아닐지라도 많은 부분이 화식 습관으로 인한 효소 결핍이 주된 원인이라는** 것이다. 그의 연구는 인간의 영양섭취에서 생식의 중요성을 보여주는 첫 번째 중요한 시도이다. 그의 연구를 보면, 과학이라는 학문이 화식 습관을 인정함으로써 미국이 세계에서 가장 환자가 많은 나라 중 하나가 되게 하는 커다란 실수를 범했음을 알 수 있다.

오늘날 많은 과학자들은 하웰 박사의 선구자적 업적을 실천하고 확대하고 있다. 예를 들어 암 연구 등의 분야에서 획기적인 전환이 이루어지고 있는데, 소수의 극히 존경받는 연구자들이 살아있는 음식을 섭취하게 함으로써 효소 결핍을 예방하고 암 상태가 호전되게 하는 등 효소 결핍과 암을 연결시키고 있다. 이런 연구자들에는 다음과 같은 사람들이 있다: 라이너스 폴링 의과학 연구소의 아더 로빈슨 박사; 텍사스 대학 조직 암 센터의 박사이자 앤더슨 병원 종양 연구소 의사인 치우 난 라이; "암: 51가지 실례"의 저자 맥스 거슨 박사; 예일 의과 대학의 윌리암 섈터 교수 등이다.

이미, 1980년 첫 주에, 국립 암 연구소에서 행한 암 연구에서는 "특별한 대사적 식습관"(내가 연구 프로젝트 대변인에게서 들은 설명에 의하면 생식을 주로 하는 식습관을 가리키는 용어이다)과 함께 인간에게 레이어트릴 laetrile과 효소를 치료용으로 사용하도록 최초로 승인되었다. 발행 부수가 가장 많은 것들 중에 속하는 두 개의 건강 잡지 "렛스 리브Let's live"와 "베스트웨이스Bestways"는 작년에 보완된 생식습관을 강력히 옹호하고 나섰다.

보스톤의 히포크라테스 건강 연구소에서 앤 위그모어와 내가 개발한 생식 프로그램은 맛좋고 효과적인 건강 유지 음식이면서 동시에 퇴행성 질환을 예방하고 역전시키는데 효과적임이 증명되었다. 그것은 **효소가 가장 풍부한 식이요법이다.** 그것은 비싸지 않고 전적으로 유기농법으로 재배된 농산물들이며 도시 아파트에서도 자라는 것들이다.

백혈병은 이 생식습관 연구에서 고전적인 영역이다. 유전적 성향이 있는 사람이 나쁜 식습관을 가지고 있으면 백혈병이 발현된다. 생식은 화식으로 인해 생성된 과도한 백혈구를 제거하여 상태를 완화시킨다.

"백혈구 증가증"은 혈액에 백혈구가 과도히 증가하는 증상을 의미하는 병리학 용어이다. 돈더스가 1846년 그 현상을 발견했고 벌차우는 대부분의 사람들이 그러한 고통을 당하고 있기 때문에 '소화성 백혈구 증가증'은 '정상'이라고 분류했다. 의학박사 폴 커차코프는 이에 반발하여 음식을 익혀 먹는 것이 백혈구 증가증의 원인임을 보여주었다. 백혈구는 혈액의 감염과 중독을 예방한다. 커차코프는 백혈구 증가증을 혈액에서의 반응에 따라 네 가지의 개별 집단으로 나누었다: 1) 혈액에서 백혈구 세포 증식을 전혀 가져오지 않는 생식; 2) 백혈구 증가증을 가져오는 일상적 화식; 3) 압력 없이 조리한 것보다 더 많이 백혈구 증가증을 일으키는 압력을 이용해 조리한 화식; 4) 포도주, 식초, 흰 설탕, 햄처럼 공장에서 제조된 음식이 가장 나쁘다. 커차코프는 채식주의자가 아니어서, 맛이 없더라도 백혈구 증가증을 피하기 위해 고기를 날로 먹어야 한다고 주장했는데, 가공된 육류(익히거나, 훈제하거나, 염장한 것 등)가 독에 의해서 일어나는 만큼의 격렬한 백혈구 증가를 불러일으키는 것을 실험에서 관찰하였기 때문이다.

화식을 먹은 후 이런 병리학적 상태가 되는 이유는 혈액과 림프에 들어갈 만큼의 작은 단위로 음식 구성성분을 부수는 역할을 하는 음식이 본래 가지고 있던 효소가 화식에는 전혀 남아 있지 않다는 사실에 의해 가장 잘 설명될 수 있다. 백혈구에는 효소가 많이 있으며 소화과정을 돕기 위해 위장 부분으로 이동한다. 그들은 감기가 걸렸을 때, 또는 균과 관련된 다른 질병에서도 비슷한 기능을 수행한다; 이 때 그들은 낯선 미립자나 침입한 균들의 기초가 되는 단백질을 분해한다.

백혈병은 유전적 성향이 있는 사람이 익히거나 가공한 음식을 먹으면 발병한다. 췌장이 제 기능을 못하여 D-자임을 거의 분비하지 못할 때 신체는 민감해져서 효소가 풍부한 백혈구 세포 생성을 과도하게 촉진한다. 더구나 이러한 조건은 요산의 증가와 신장의 약화와 관련이 있다. 백혈구 세포들은 앞에서 언급한 결핍을 보완하기 위해 낯선 단백질과 과잉의 요산을 소화-먹어치우기-하는데 낭비된다. 커챠코프에 따르면 화식은 백혈구 생성 증가의 계기가 되며, 하웰은 그들이 소화촉진제로 작용한다는 것을 보여주었다.

자연식에 근거한 치료법들의 수많은 성공사례들이 보고되어 왔다. 대부분의 연구자들은 백혈병이 모든 암 중에서 가장 고치기 쉽다는 것을 안다. 나는 히포크라테스 건강 연구소에서 두 가지의 백혈병 사례가 그 중 하나는 10년 된 것인 데, 6주간에 걸친 생식요법으로 치유되는 것을 보았다. 또한 란셋 Lancet과 폴란드 의학 저널은 백혈병을 치료하기 위해 강 알칼리 용액과 함께 저 단백질 음식을 사용한 칼라코프스키 박사의 연구를 보고하고 있다. "백혈병이 있는 13명의 아동 중 10명에게서 호전 효과가 나타났다… 뼈 골수에 있는 유독 세포가 대조군에 비해 놀랄 만큼 빠르게 감소되었다." 완전히 성공하지 못한 이유 중의 하나는 최적의 음식을 아직 고안해 내지 못했기 때문이다.

지난 여름, 생존 협회 연구 농장에서 나는 질병이 역전되는 놀라운 몇몇 사례들을 목격했다. "최고의" 권위자에게서 살아있는 동안 계속해서 인슐린 주사를 맞아야 한다고 들은 어느 젊은이는 두 주 사이에 주사량을 80단위 unit에서 제로로 점차 감소시킬 수 있었다. 자궁암에 걸려서 기운이 없던 한 여인은 두 달만에 모든 증상이 사라졌다; 지난 10년 간 통증을 조절하기 위해 하루에 스무 알까지 약을 먹어야 했던 또 다른 여인은 하루만에 모든 약의 복용을 중단하여 3개월 동안 한 번도 두통을 느끼지 않았다;

중년의 어느 백혈병 환자는 15년 간의 항암치료를 받은 후 6주만에 백혈구와 적혈구 수를 정상으로 되돌려 놓는 프로그램을 찾았다. 이런 성공 사례는 수 천 가지가 있다. 한가지 공통점은 싹, 씨, 야채 효소 등으로 구성된 살아있고 효소가 풍부한 음식과, 어린 푸성귀들, 신선한 야채와 채소로 만든 생 주스를 먹었다는 것이다.

나는 건강의 유지와 병의 치료를 위한 그런 식이 요법을 수년 간 처방해 왔다. 이 프로그램이 암이나 다른 "불치의" 질병을 포함한 퇴행성 질환에서 거둔 성공은 압도적이다. 환자가 수술, 방사선 치료, 또는 항암치료에 의해 돌이킬 수 없이 망가져 회복이 가능치 않은 경우에도 고무적인 결과를 얻었다.

오늘날 병원과 대학들이 우리의 식이요법 연구에 영향을 받아 많은 논문을 발표하고 있다. 아더 로빈슨 박사(라이너스 폴링연구소)와 치우 난 라이 박사(텍사스주 휴스톤시 앤더슨 병원)은 암 분야에서 갯보리 wheatgrass와 생식요법을 연구하고 있다. 1977년 *내과 연감*을 보면, 생식을 사용하여 당뇨병 치료에 커다란 성공을 거둔 죤 더글라스 박사의 진술이 나와있다. "내 이론은 초기 원시인들이 전적으로 생식으로 살았다면 아마도 그런 식습관이 일반적인 인간 조직에 스트레스를 덜 주고 익힌 음식보다 당뇨병도 덜 일으킬 것 같다는 것이다."

최근 개발된 생식 연구 중에서 가장 흥미 있는 것은 비유기농 야채가 익힌 음식보다는 안전함을 보여준 것이다. 캐나다 건강 복지 음식 연구부의 화학 안전국에 있는 윌리엄 뉴섬은 익힌 토마토가 같은 밭에서 딴 날 토마토보다 10배 내지 90배의 ETU를 포함하고 있음을 발견했다. 그의 연구는 널리 사용되고 있는 EBDC 살균제를 가열하면 ETU가 생김을 보여준다. 그는 "일반적으로 익힌 야채에 있는 ETU 양은 익히지 않은 야채에서보다 50배 가량 많다"고 적고 있다.

동물 실험에서의 고전적 연구는 F. M. 포텡거 박사가 생식과 화식을 시킨 900 마리의 고양이를 가지고 10년에 걸쳐 진행했다. 결과는 4대 동안 관찰되었다. 화식을 한 고양이들에서는 우리 사회에서 발견되는 일련의 퇴행성 질환들이 생겨났다. 세대가 지날수록 질병은 만성화되었으며, 세 번째 대에서는 출산이 불가능해졌다. 그러나 생식을 한 고양이들은 계속해서 젊고 유연하며 활동적인 자손을 만드는 건강한 새끼들을 생산했다.

대부분의 문명인들은 익힌 음식을 먹는다. 하웰 박사는 그러한 방종한 식습관에 기인한 해악을 줄이기 위해 광범위한 연구를 했다. 그는 불에 익힌 음식을 섭취하는 채식주의자 및 육식과 채식이 혼합된 음식을 먹는 사람들을 위해 D-자임을 보충하도록 한 최초의 연구자였다. 그는 췌장 효소가 소장의 높은 알칼리성 환경에서 기능을 가장 잘 발휘하고, 산성이 높은 위에서는 췌장 효소를 보충해 보아야 쓸모 없음을 알아냈다. 고기를 부드럽게 하는데 사용되는 파파인 효소는 위장의 한계를 넘는 고온을 필요로 했으며 따라서 소화 보충제로서 적합하지 않음도 알아냈다. 덜 익은 파파야와 파인애플은 단백질에만 잘 작용했다. 분해 효소 혼합물을 가장 잘 뽑아낼 수 있는 것은 다양한 아스퍼질러스*Aspergillus* 식물들(곰팡이)이었다. 그들은 모든 범주의 지방, 단백질, 탄수화물 그리고 섬유소에 작용했다. 하웰 박사는 가장 완벽한 효소에 관한 선구자적 연구를 하면서도 그런 생산품의 제조와 판매에 관련된 어떤 재정적 연관도 갖지 않았다.

치료하는 일을 하면서, 많은 사람들이 생식에 의존하여 질병을 완화시키고 있음에도 불구하고 대다수의 사람들은 여전히 죽은 음식을 계속 먹어 결국 고통과 스트레스와 질병을 일으키고 있는 것을 보게 된다. 그들을 도우려 하는 과정에서 음식을 완전히 소화시켜 양분을 세포에 성공적으로 보내고, 배설물을 제거하는 것이 필수적임을 알게 되었다. 그리하여 분해 효소와 순환을 돕기 위한 액상 엽록소와 고춧가루 cayenne, 그리고 내장의 힘을 키워 대변을 효과적으로 내보내기 위해 부드러운 허브를 보충해 주는 프로그램을 개발하게 되었다. 여전히 화식을 고집하는 사람들에게 완벽한 효소 보충원을 찾으려고 시장에 있는 대부분의 효소를 실험하던 중, 나는 캡슐에 들어 있는 아스퍼질러스 식물이 가장 좋다는 것을 알게 되었다. 음식과 함께 둘 내지 다섯 캡슐(캡슐 속의 내용물만 섭취하는 것이 더 좋다)을 먹는 것이 좋다.

이러한 방식은 심장병, 천식, 관절염, 신장 질환으로 자리를 보전하고 있었던 80세 드신 나의 할머니에게 큰 효과를 나타냈다. 보충 프로그램을 시작하고 몇 주 지나서 그녀는 4인 가족을 위한 모든 집안일-요리, 빨래, 청소, 그리고 독서, 기도, TV 시청, 사교 등-을 하고 있었다. 침상 생활에서 모든 일상 활동까지: 이렇게 2년 이상 기운이 좋으셨다.

인간은 그가 먹은 것에 의해서가 아니라 그가 소화시킨 것에 의하여 자양분을 공급받고 신체를 유지한다. 효소에 의해 단순한 구조로 바뀌기 전 모든 음식은, 최소한 잠재적으로, 독이다. 생명을 구축하는 두 가지 화학적 반응이 있다. 하나는 날 음식에서 발견되며 외인성 外因性이라 불린다; 다른 하나는 우리 몸 자체에서 생성되며 내인성 內因性 효소라고 지칭된다. 날 음식 같은 외부 원천에서 더 많은 효소를 얻을수록 췌장과 백혈구에 의한 공급이 줄어들고 내인성 內因性 효소들은 신체를 유지하고 찌꺼기를 버리며 생명을 연장하는 데에 사용될 수 있게 된다. 날 음식에서 발견되는 효소들은 씹자마자 방출되어서 섭취한 음식들을 분해하기 시작한다. 식후 30분 이내에 산성이 상당히 높아지고 섭취한 F-자임은 활동성을 잃는다. 그러면 위장의 펩신과 염산에 의한 단백질 분해가 그 뒤를 잇 는다.

80,000여 가지가 넘는 효소 체계는 각각의 전문적 기능이 있어서 음식의 소화에서부터 머리 색깔, 당신이 이 책을 읽을 때 쓰는 망막이나 말할 때 쓰는 혀 등을 각각 담당한다. 음식에 있는 물질들-단백질, 지방, 탄수화물, 비타민, 미네랄-은 효소 체계가 모든 생명의 과정들을 수행하고 신체 각 부분을 만드는데 활용하는 원료이다.

당신은 효소가 없는 음식을 먹으면서 오랫동안 원숙한 노년까지 살 수 있으나 세대를 내려가며 열등한 후손을 낳게되고 결국은 출산이 불가능해질 것이다. 당신 몸 안의 효소가 세포 활동을 하는 대신 외부 효소가 일부분의 활동을 하도록 하는 것이 더 낫지 않겠는가? 세포 효소의 고갈은 우리를 병들게 하는 근본 원인이 될 수 있다.

하웰 박사와 다른 연구자들은 섬유질이 깨진 화식이 생식보다 소화기관을 더 느리게 지나가는 것을 보여주었다. 부분적으로 그것들은 발효하고 부패되고 곪아서 신체에 유해물질을 발산하며 가스, 가슴앓이, 퇴행성 질환을 일으킨다.

대장 치료사들과 퇴행성 질환 연구원들은 몸무게의 대부분이 60,000마일의 혈관, 림프조직, 관절 그리고 세포 안팎에 쌓여 있는 찌꺼기에 불과함을 보여준다. 가장 많은 양의 찌꺼기는 대장 구조에서 발견된다: 대변 찌꺼기는 기름진 음식을 수십 년 먹음으로 해서 50 파운드 이상 쌓일 수 있다. 대장과 소장을 따라 존재하는 부분적으로만 소화된 화식 찌꺼기들은 일부가 혈류로 들어가기도 하고 일부는 조직 전반에 쓰레기로 쌓여있다. 그것이 칼로리라면 비만으로 나타날 것이다; 과다한 미네랄이면 관절염을 일으키고; 과다한 단백질이면 암을 형성할 것이다. 지방은 콜레스테롤 수치를 높일 것이고; 당분은 당뇨병을 일으킬 것이다.

익히고 화학적으로 변화시킨 음식에 대한 최상의 대안은 유기 농산물을 계절마다 재배하거나, 자연 농법으로 키운 음식들을 사서 집에서 고효소 음식-불린 씨앗들, 싹, 어린 푸성귀, 불린 씨앗이나 견과류로 만든 우유나 발효제품, 날 음식, 레쥬빌락 rejuvilac과 생 주스 - 프로그램을 시작하는 것이다.

대부분의 사람들은 나이에 따라 비타민과 미네랄 양은 큰 차이가 없는 듯 하다. 그러나 효소 레벨은 나이가 들면서 상당히 떨어진다; 몸이 약해지면서 효소는 점점 줄어들고 노화의 조짐이 분명해진다. 세계적으로 유명한 시카고의 마이클 리스 병원에서 연구자들은 노인들의 타액에 들어 있는 효소의 양이 젊은이의 삼십 분의 일에 불과하다는 것을 발견했다. 또 고효소 음식을 먹는 사람들은 대부분 장수하였다. 예를 들어 죠지아, 에쿠아도르, 그리고 훈즈인 등은 효소가 풍부한 음식을 섭취하는 식습관이 있으며 100세 이상의 사람들이 매우 많다(내쇼날 지오그라픽, 1973년 6월). 그들은 발효방식을 -콩, 낙농제품, 채소, 과일- 많이 활용했다. 또 그들은 날 것 또는 덜 익힌 음식, 효소 수치를 20 배까지 늘리는 불린 씨앗 뿐 아니라 싹을 틔운 씨앗을 먹었다. 그들은 또 음식을 구하기 어려운 계절에는 금식한다. 하웰 박사는 금식하는 동안 D-자임의 생산이 중단된다고 말한다. 그 동안 몸에 있는 효소들은 지방조직, 상처, 관절염, 종양, 동맥이 경화된 부분 등에 축적되어 있던 불완전하게 소화된 음식 찌꺼기들을 분해하는데 사용된다. 따라서 강제적인 금식은 건강과 장수를 촉진하는 또 다른 유익을 가져다 준다.

효소와 생식의 연구에 대한 우리들의 이해에 기여한 하웰 박사의 공로는 생식을 하면 사람이 신체적으로 고침을 받을 뿐 아니라 영적으로도 맑아진다는 것을 보여준 것이다. 그는 익힌 음식이 다른 선腺 gland을 조절하는 뇌하수체선을 과도히 확장시킨다는 증거를 제시한다. 50세가 넘어서 사고로 죽은 사람에 대한 연구에서 그들 모두가 뇌하수체에 결함이 있음을 발견했다. 대부분 사람들의 생식선, 부신, 랑게르한스 선腺 그리고 다른 내분비선들은 화식으로 지쳐있다. 이들은 모두 영적 에너지의 기관들이다. 날 음식은 당신이 직관적이고 프라나prana가 높아지고 하나님과 교통할 수 있도록 해 줄 것이다.

하웰 박사의 고전적 연구는 한 요소를 다른 요소로 변화시키는 연금술에 효소가 능동적으로 개입하고 있음을 보여준 루이스 커반의 생물학적 변성에 대한 발견을 앞선 것이다. 화식을 중심으로 하는 식습관은 효소 고갈을 가져오고 그러한 변성을 불가능하게 한다. 아무 것도 먹거나 마시지 않음에도 불구하고 정상적으로 힘찬 생활을 하는 사람들이 과거로부터 여전히 존재하고 있다는 것은, 제거할 찌꺼기가 없을 때 사람의 신체는 재활용과 변성이 가능한 완벽한 생태계가 될 수 있음을 보여주는데, 투입될 필요가 있는 것은 오직 햇빛과 공기, 그리고 감정적 스트레스가 전혀 없는 생활 방식, 즉 사랑과 봉사의 생활 방식 등이 될 것이다.

화식보다 생식이 우월한 점은 많은 새로운 방법으로 시험해 볼 수 있다. 근육과 기관 조직에서 힘의 변화를 활용하는 운동 기능학이 한 방법이다. 한 사람이 오른손을(왼손잡이는 반대) 곧게 펴서 땅과 평행이 되게 하고 손바닥을 위로 향하게 한다. 손목을 밑으로 잡아당겨서 팔 힘을 측정한다. 다음 시험은 아래의 과정을 따른다. 명치에 댄 왼손 바닥에 정제 탄수화물(설탕), 익힌 탄수화물(빵), 불린 밀, 해바라기 싹, 어린 해바라기 잎사귀, 해바라기 요구르트, 그리고 해바라기 치즈를 올려놓는다. 당신은 날 음식 특히 싹 난 것, 발효시킨 것들이 생성해 내는 힘을 익힌 것들과 비교해 보고 놀랄 것이다. 이 음식들이 12시간 내지 24 시간 당신의 몸에 머물 때도 마찬가지로 당신의 몸을 강화시키기도 하고 약화시키기도 할 것이다.

크로마토그래피가 또 한가지 방법이다. 이 기술은 1944년까지 소변 분석에 사용되었다. 1953년 E. 파이퍼 박사는 효소 활성에 대한 지표를 제시하는 정성적 및 생물학적 수치들을 시험하기 위해 그것을 사용했다. 크로마토그래프는 효소의 존재를 보여주는 명백한 패턴을 가진 색깔, 고리, 그리고 뿔 모양의 그림이다. 무기 미네랄들, 화학물질들, 인조 비타민 그리고 익힌 농산물들은 색깔 있는 고리 만이 나타나고 뚜렷한 패턴은 나타나지 않는다.

대부분의 사람들은 무가당 통밀 빵 조각을 씹음으로 입안에 있는 프티알린의 효소 작용을 보여줄 수 있다. 그것은 즉시 입안에서 달게 변한다. 또한 고등학교에서 학생들은 간단한 시험으로 전분의 존재를 보여줄 수 있다. 요오드 한 방울을 전분 혼합물에 떨어뜨리면, 파란색이 나타날 것이다. 전분 성분이 없으면, 요오드는 색깔 변화를 일으키지 않는다. 전분은 일종의 당인 맥아당으로 바뀐 것이다.

요즘은 시장에서 써모그래피 Thermography를 살 수 있는데 (AGA회사, 뉴저지주 세카서스시, 카운티로 550번지, 07094) 이 기계는 영양분과 산소의 자유로운 흐름에 의존하는 체세포에서 발생되는 열을 찍어 사진을 만들어 낸다. 내가 가진 사진을 보면, 생식을 하고 효소를 많이 섭취하는 사람은 얼굴 모양이 선명하다. 그러나 화식을 하는 노인과 젊은이들의 사진은 미세한 부분이 하나도 없는 이미지이다. 이는 순환이 잘 안되고 신체가 몹시 굶주려 있음을 나타낸다.

이렇게 기술이 향상되고 새로운 검사법이 개발되어도 하웰 박사의 연구는 모순이 발견되지 않는다. "*소화와 신진대사에서 F-자임의 위상*"은 금세기에 의사가 써서 출판한 과학적 영양학에 대한 책 중에서 가장 중요한 것일 수도 있다. 모든 사람들이 그것을 보아야 할 것이며 그 주제는 흥미진진한 도전이 아닐 수 없다. 하웰 박사는 당신이 화식보다는 생식을 함으로써 스스로 건강한 환경을 만들 수 있음을 보여준다. 시대적 배경을 고려할 때 우리는 천재였던 한 사람을 발견하게 되는데 그는 40년 전 퇴행성 질환을 치유하고, 수명을 연장시키며, 고양된 의식상태의 생리 현상 일부를 설명하는 도구가 될 영양학 이론을 창조했다. 나는 1981 년이 "효소의 해"가 될 것이며 1980 년대는 날 음식들이 식습관에서 가장 중요한 구성요소로 간주되는 때가 되리라 여긴다.

빅토라스 커린스카스 이학석사
우드스톡 밸리, 코네티컷주
1980년 11월 6일

독점 인터뷰

[F-자임 연구의 선구자 에드워드 하웰 박사와 함께]

에드워드 하웰 박사는 1898년 시카고에서 태어났다. 그는 일리노이주 한정 의사 면허를 가지고 있다. 한정 의사 면허 소지자도 의사와 꼭 같은 시험을 통과해야 한다. 외과, 산부인과, 약물학 만이 제외될 뿐이다. 면허를 취득한 후 하웰 박사는 린드하르 요양소 전문요원이 되었고 그곳에서 6년을 일했다. 1930년 그는 영양학적 내지는 물리적 방법으로 만성질환을 치료하는 사설기관을 설립했다. 1970년 은퇴할 때까지 하웰 박사는 매주 3일 개인 진료로 바쁘게 보냈다. 나머지 시간에는 다양한 종류의 연구에 헌신했다.

하웰 박사는 인간의 영양에 대해 음식 안에 있는 효소의 중요성을 인식한 최초의 연구자이다. 1946년 그는 "*소화와 신진대사에서 F-자임의 위상*"이라는 책을 썼다.

이 책은 하웰 박사가 총체적으로 "*F-자임 개념*"이라 부르는 효소 이론들에 대한 색인과 근거가 되는 자료들을 포함하고 있다. 1980년 "*건강과 장수를 위한 F-자임*"라는 제목의 원고가 재 편찬되었다. 1985년에는 하웰 박사에 의하여 "*효소 영양학*"이 출판되었다. 이 원고는 과학 문헌들을 재검토하고 F-자임을 필수 영양소로 제시한다.

이 인터뷰에서 하웰 박사가 말하는 바는 이것이다: 효소란 무엇인가, 효소는 몸에서 어떤 일을 하는가, 나는 왜 대부분의 사람들이 효소 결핍 스트레스 상태에 있다고 믿는가, 마지막으로 내가 믿는 바 당신들이 할 수 있는 일이 무엇인가.

효소란 무엇인가?

효소란 생명을 가능케 하는 물질들이다. 그들은 우리 몸에서 일어나는 모든 화학 반응에 필요하다. 효소가 없이는 어떤 활성도 나타나지 않는다. 비타민도, 미네랄도, 호르몬도 효소가 없이는 어떤 작용도 할 수 없다.

이런 식으로 생각해 보라; 건설 노무자들이 집을 짓는 노동력인 것처럼 효소는 당신의 몸을 짓는 "노동력"이다. 당신이 필요로 하는 모든 건축 자재와 재목을 가지고 있다 하더라도 집을 짓기 위해서는 일군이 필요하며,

그것이 바로 생명소이다.

유사하게, 우리 몸에 필요한 모든 영양분을 갖고 있더라도-비타민, 단백질, 미네랄 등- 건강하게 살아있기 위해서 당신은 여전히 효소-*생명소*-가 필요하다.

그러면 효소는 화학 촉매처럼 다양한 반응의 속도를 증가시키는가?

그렇지 않다. 효소는 촉매 이상이다.

촉매는 불활성 물질들에 불과하다. 거기에는 효소가 갖고 있는 생명에너지가 전혀 없다. 예를 들면, 효소는 작용할 때 일종의 방사선을 방출하지만 촉매는 그렇지 않다. 게다가, 효소는 단백질을 포함하고 있음에도 불구하고-어떤 것은 비타민을 포함한다-효소의 활성 요소는 인위적으로 합성된 적이 없다.

게다가, 효소의 활성을 나타내게 하는 단백질들의 조합, 아미노산들의 조합, 또는 다른 어떤 물질들도 존재한 적이 없다. 효소 안에는 단백질들이 있을 뿐이다. 그러나 그들은 단지 효소 활성 요인의 전달자carrier일 뿐이다.

따라서 배터리가 전기에너지가 충전된 금속판으로 구성된 것처럼 효소는 에너지 요소가 채워진 단백질로 된 전달자로 구성되었다고 말할 수 있다.

우리 몸 안의 효소는 어디에서 생성되었는가?

우리는 태어날 때부터 특정의 효소 포텐샬을 부여받은 것처럼 보인다.

이 제한된 생명력의 활성 요소는 우리의 일생을 지탱시킨다. 마치 일정량의 돈을 유산으로 받는 것과 같다. 일방적으로 쓰기만 하고 수입이 없다면 곧 돈이 바닥날 것이다.

마찬가지로, 공급되는 효소 활성을 빨리 써버릴수록, 더 빨리 고갈 될 것이다. 많은 대학의 실험들에서 보듯이 어떤 동물이건 신진대사 속도가 빠르면 빠를수록 수명은 더 짧아진다.

나머지 조건이 같다면, *당신의 몸이 효소를 만들어 내고 있는 효소 활성 요소들을 보유하고 있는 한 당신은 살아있는 것이다.* 당신이 효소를 더 이상 만들 수 없는 지점에 이르면 당신의 생명은 끝난다.

사람들은 자신의 제한된 효소 공급을 낭비하는 일을 하는가?

그렇다. 주로 화식을 하는 모든 사람이 그렇다. 음식이 100도씨 이상에서 가열될 때마다 그 안에 있는 효소는 100% 파괴된다.

우리가 먹는 음식에 효소가 살아 있다면 음식이 스스로 소화되도록 하는데 상당히 기여한다. 그러나 화식, 즉 효소가 파괴된 음식을 먹으면 우리 몸은 소화에 필요한 효소를 스스로 만들어내야 한다. 이는 우리 몸의 제한된 효소 생산능력을 고갈시킨다.

주로 화식을 하는 식습관은 우리의 효소 "포텐샬"에 얼마나 심각한 결핍을 초래하 는가?

조로 현상과 짧은 수명의 중요한 원인 중의 하나라고 믿는다. 나는 또한 거의 모든 퇴행성 질환의 숨겨진 원인이라고 믿는다.

우선 신체가 타액, 위액, 췌장액 그리고 장액에 많은 효소(D-자임)를 공급하느라고 지나친 부담을 안게되면 다른 목적으로 효소를 생산하는 일을 줄일 수박에 없다. 이렇게 되었을 때 어떻게 뇌, 심장, 신장, 폐, 근육 그리고 다른 기관과 세포를 유지하는데 충분한 효소를 만들 수 있겠는가?

소화기관을 돕기 위해 우리 몸의 다른 부분에서 효소를 "도둑질"하면 다양한 기관 조직들과 몸의 세포들 사이에서 효소를 얻기 위한 경쟁이 일어난다.

결과적으로 신진대사 체계가 뒤죽박죽이 되고 이는 암, 심장 관상동맥 질환, 당뇨병 그리고 다른 많은 만성 불치병의 직접적인 원인이 될 수 있다.

이런 효소 결핍 상태로 인한 스트레스는 효소가 파괴된 음식을 먹는 식습관을 가진 문명화된 사람의 대부분에게 존재한다.

인간 질병은 인류가 음식을 익혀 먹기 시작하면서 시작되었는가?

이에 대한 증거는 다음과 같다.

예를 들어, 50,000년 전 네안데르탈인은 음식을 조리하는데 불을 집중적으로 썼다. 그들은 동굴에 살았고 굴을 따뜻하게 하기 위해 계속 불을 지피며 거기에서 주로 고기를 구워 먹었다. 이에 대한 언급들은 나의 글들에 과학적 증거가 뒷받침되어 기록되어 있다.

화석적 증거에 의하면 네안데르탈인은 심한 관절염으로 절름발이 상태였다.

네안데르탈인이 당뇨, 암 또는 신장병 따위를 앓고 있었을 가능성도 있다. 그러나(뼈를 제외한) 모든 부드러운 부분들이 흔적도 없이 사라졌으므로 자세히 알 수는 없다.

덧붙인다면, 동굴의 또 다른 거주자는 동굴 곰이었다. 이 곰은 혹한의 날씨를 피하기 위해 동굴의 보호를 필요로 했던 동굴 호랑이로부터 네안데르탈인을 보호했다. 고생물학자들에 의하면, 동굴 곰은 어느 정도 길들여졌으며 동굴인들이 먹는 것과 같은 구운 고기를 먹으며 살았으리라 추정된다.

동굴인들처럼, 동굴 곰 역시 만성적이고 기형적인 관절염에 시달렸다.

화식이 아니라 추운 날씨 때문에 네안데르탈인이 관절염에 걸렸을 수도 있지 않은가?

아니다. 날씨 때문에 그렇게 되었다고 생각하지 않는다. 예를 들어, 원시 에스키모인들을 생각해 보라. 그는 네안데르탈인들만큼이나 추운 환경에서 살았다. 그러나 에스키모인들은 관절염이나 다른 만성질환에 시달리지 않았다. 에스키모인들은 생식을 많이 한다. 그들이 먹는 고기는 살짝 익히기 때문에 가운데는 날 것이다. 따라서 에스키모인들은 모든 식사에서 많은 양의 효소를 얻는다. 사실, 에스키모라는 단어 자체도 "날 것을 먹는 사람"이라는 뜻의 인디언 표현이다.

덧붙여서, 에스키모인들 사이에는 주술의사의 전통이 없다. 그러나 화식을 많이 하는 북미 인디언 같은 집단에는, 주술의사들이 부족 내에서 높은 지위를 갖고 있다.

인류가 F-자임의 결핍으로 고통 당하고 있다는 증거가 있는가?

간단히 요약할 수 있는 수많은 증거가 있다. 지난 40여 년 간 나는 나의 이론을 입증하는 수 천 가지 기록을 수집해 왔다.

우선, 인간의 피에는 다른 어떤 동물보다 더 적은 전분 소화 효소를 갖고 있다. 소변에서는 이 효소들이 가장 많이 발견되는데 이는 더 빨리 소모되고 있다는 의미이다.

이렇게 낮은 효소 레벨은 우리 종의 특이성에 기인하는 것은 아니라는 많은 증거들이 있다. 그 대신에 우리가 먹는 많은 양의 불에 익힌 전분 때문이다.

또한 앨러지, 피부병처럼 수많은 만성질환, 그리고 당뇨나 암 같은 심각한 질병에서도 효소 레벨이 감소되어 있음을 보게 된다.

더구나 익혀서 효소가 파괴된 음식의 섭취는 다른 선腺들을 조절하는 뇌하수체를 병리학적으로 과도히 확장시킨다는 증거가 있다. 더 나아가, 돌연사를 한 50세 이상인 사람 중 거의 100%가 뇌하수체 결함이 있음을 보여주는 연구 기록이 있다.

그 다음에 나는 *F-자임의 결핍이 오늘날 아이들과 청소년들이 과도하게 성숙된 이유*라고 믿는다. 그것은 또한 많은 아이들과 성인들이 비만한 이유이기도 하다.

수많은 동물 실험에서 효소 결핍 식습관이 정상보다 훨씬 빨리 성숙하게 만드는 것을 볼 수 있다. 화식을 하는 동물들은 생식하는 경우보다 훨씬 더 무겁다. 관련된 또 다른 증거로 농부들은 내다 파는 돼지를 살찌우기 위해 익힌 감자를 먹인다는 것이다. 농부들은 익힌 감자를 먹인 돼지들이 생감자를 먹인 돼지보다 더 빨리 살이 쪄서 경제적임을 안다.

이 증거는 익힌 것의 칼로리와 날것의 칼로리에 많은 차이가 있음을 보여준다. 사실, 수 년 전 요양소에서 일할 때, 나는 *그들이 섭취하는 칼로리에 관계없이 생식하는 사람이 살찌는 것은 불가능하다는 것*을 관찰한 바 있다.

덧붙인다면, *F-자임 결핍에 관련된 다른 효과는 뇌 크기의 감소*이다. 게다가 요오드 양이 적절한데도 갑상선이 과도히 확장된다. 이는 여러 동물들에서 나타난다. 물론 그것이 사람에서도 꼭 같이 작용하는지 증명할 수는 없다. 그러나, 그 증거들이 시사하는 바는 크다고 본다.

그밖에 무엇이 있나?

다음에는, 생식을 하는 어떤 동물보다 *인간의 췌장이 효소 생성 부담을 훨씬 많이 지고 있음*을 생각해 보자. 사실 몸무게에 비해서 인간의 췌장은 소보다 두 배나 무겁다.

인간이 화식을 주로 하는 반면 소는 날 것을 먹는다.

화식을 하는 쥐들이 생식하는 쥐보다 두 배나 무거운 췌장을 갖고 있다는 증거가 있다.

게다가, 몸무게에 비례해서 생각할 때, 인간의 췌장이 동물의 왕국에서 가장 무겁다는 증거가 있다.

이렇듯 인간의 췌장이 과도히 확장된 것은 심장, 갑상선 등의 과도한 확장만큼, 또는 그 이상으로 위험하다. 인간이 효소를 과도히 생산하는 것은 효소가 없는 음식을 먹는 식습관에 병리학적으로 적응한 것이다.

익힌 음식을 먹으면 췌장만 효소를 지나치게 분비하는 것은 아니다. 자연식을 하는 야생 동물에서는 결코 발견되지 않는 수준으로 효소를 생산하는 타액선이 있다.

사실, 생식을 하는 어떤 동물들은 타액에 효소가 전혀 없다. 소와 양은 효소가 전혀 없는 타액을 억수같이 만들어 낸다.

예를 들어, 개는 생식을 할 때 타액에 효소가 전혀 분비되지 않는다. 그러나 익힌 전분이 있는 음식을 주기 시작하면 그들의 타액선은 10일 이내에 전분 소화 효소를 만들어 내기 시작한다.

게다가, 타액에 있는 효소는 병리적이며 정상 상태가 아님을 나타내는 증거가 더 있다. 우선, 타액에 있는 효소는 날 전분을 소화할 수 없다. 이는 내가 실험실에서 증명한 중요한 사실이다.

타액에 있는 효소는 익힌 전분 조각만 공격한다. 따라서 몸은 필요한 경우에만 제한된 효소 생산능력을 타액에 부여하는 것을 알 수 있다. 첨언하면, 수 년 전 내 실험실에서 매우 도전적인 동물 실험을 했다. 원하신다면 당신의 독자들을 위해 설명하겠다.

설명해 달라.

누가 더 오래 사는지 보려고 나는 한 집단의 쥐에게는 화식을 시키고 한 집단의 쥐에게는 생식을 시키면서 그들의 수명이 다하도록 살게 했다.

첫 번째 집단은 날고기, 다양한 생야채와 곡식을 혼합하여 먹였다. 두 번째 집단은 같은 음식을 끓여서 효소를 파괴시킨 채로 먹였다. 나는 그들이 죽을 때까지, 따라서 약 3년 간, 그들을 키웠다.

실험이 끝날 즈음, 나는 결과에 놀랐다. 두 집단 사이의 수명에 큰 차이가 없었다. 후에 나는 그 이유를 발견했다.

익힌 음식을 먹은 쥐들이 예기치 않았던 곳에서 여전히 효소를 얻고 있었다. 그들은 자신의 몸에서 배출된 효소를 포함하고 있는 자신의 대변을 먹어 왔던 것이다.

인간의 것을 포함하여 모든 대변은 몸이 사용한 효소를 함유하고 있다. 쥐들은 자신들의 효소를 재활용했던 것이다. 그래서 그들은 생식하는 쥐들만큼 오래 살았던 것이다.

덧붙인다면, 대변을 먹는 것은 오늘날 실험실 동물들 사이에서 거의 보편적이다. 이 동물들은 알려진 모든 비타민과 미네랄을 포함한 "과학적인" 음식을 섭취함에도 불구하고 이 동물들은 본능적으로 그들에게 효소가 필요함을 안다. 따라서 자신의 대변을 먹는다.

사실 *이 과학적 음식을 먹은 동물들이 수명을 다하도록 살게 하면 인간의 만성적 퇴행성 질환 대부분이 발현된다. 이는 비타민과 미네랄만으로는 충분치 않음을 보여준다.*

효소를 보충함으로써 사람들에게 이득이 된다는 것을 어떻게 알 수 있는가?

내게 있어서 사람들이 효소를 필요로 한다는 가장 인상적인 증거는 금식 치료의 결과다. 알다시피 나는 다양한 금식 프로그램을 실천한 환자들과 함께 요양원에서 수년을 보냈다.

사람이 금식할 때 D-자임은 즉시 생산이 중단된다. 타액, 위액, 췌장액에 있는 효소가 감소되어 희귀해진다. *금식을 하는 동안, 몸의 효소는 병에 걸린 세포를 고치고 제거하는 일을 자유로이 할 수 있다.*

문명화된 사람들은 다량의 화식으로 인하여 그들의 효소 체계를 음식의 소화로 분주하게 만들고 있다. 그 결과, 몸에는 세포를 건강하게 유지하는데 필요한 효소가 부족하게 된다. 금식하는 사람들은 누구나 명현현상이라고 칭해지는 과정을 거친다. 환자는 메스꺼움, 구토, 어지럼증을 느낀다. 실제로 일어나는 일은 효소들이 몸의 건강치 못한 구조를 바꾸고 있는 것이다. 효소는 병적인 세포를 공격하고 소화되지 않아 처리되지 않은 물질들을 잘게 부순다. 이들은 장을 통해, 구토를 통해, 또는 피부를 통해 밖으로 나온다.

사람들이 음식을 먹으면 효소는 위산에 의해 파괴되어 전혀 또는 거의 쓸모 없게 되는 것은 아닌가?

사실이 아니다. 대부분의 영양학자들이 음식에 있는 효소가 위에서 파괴된다고 주장하지만 그들은 두 가지 중요한 사실을 간과하고 있다.

첫째로, 음식을 먹을 때 최소한 30분 동안 위산이 거의 분비되지 않는다. 음식이 식도를 내려가면서 그것은 위의 제일 높은 부분으로 들어간다. 이는 (위장의) 심장분획cardiac section이라 불리는데 심장에 가깝기 때문이다.

심장분획이 음식을 담기 위해 열려있는 동안 위의 나머지 부분은 평평하게 닫혀있다. *음식이 상부에 있는 동안* 몸에서는 산이나 효소가 거의 분비되지 않는다. *음식에 있는 효소는 음식을 열심히 소화한다.* 이런 자가 소화가 많으면 많을수록 나중에 몸이 할 일은 줄어든다.

이렇게 30분 내지 45분이 지나면 위의 아래 부분이 열리고 몸은 산과 효소를 분비하기 시작한다. 이런 시점에서도 F-자임은 산에 의해 방해받기 전까지 작용한다. F-자임은 중성에서 뿐 아니라 강한 산성 환경에서도 잘 견딜 수 있다.

동물의 위에도 역시 음식이 스스로 소화되는 특별한 부분이 있는가?

물론이다. 사실 어떤 동물은 내가 F-자임위food enzyme stomach라 부르는 것을 가지고 있다.

원숭이, 설치류의 볼주머니, 많은 종류의 새들이 갖고 있는 모이주머니, 고래, 돌고래 그리고 참돌고래의 첫째 위들이 그것이다.

예를 들어 새가 씨앗이나 곡식을 삼키면, 이 곡식들은 8 내지 12 시간 동안 모이주머니에 머무른다. 머무르는 동안 그들은 수분을 흡수하고 부풀어서 발아하기 시작한다. 발아하는 동안 씨앗과 곡식을 소화시키는 효소가 생성된다.

고래, 돌고래, 그리고 참돌고래는 효소를 분비하지 않는 첫째 위를 갖는다. 예를 들어 고래는 많은 음식을 씹지 않고 삼킨다. 음식은 단순히 스스로 분해되고 소화된다. 물고기나 고래가 먹는 해물의 살에는 카뎁신 cathepsin이라 불리는 효소가 있어서 물고기가 죽으면 물고기를 분해한다. 사실 이 효소는 거의 모든 생물에 있다. 고래의 먹이들이 액체가 된 후 그것은 조그만 구멍을 통해 두 번째 위로 들어간다.

고래의 먹이들이 어떻게 그렇게 작은 구멍을 통해 둘째 위로 들어가는지 과학자들이 이해할 수 없었다. 그들은 자가 소화에 대해 전혀 알지 못했다.

전부는 아니지만 대부분의 사람들은 매일 많은 화식을 먹는다. 우리가 생식을 첨가함으로써 이런 효소 손실을 보충할 수 있는가?

그럴 수 없다. 화식을 하면 우리의 효소 공급에서 너무 많은 손실이 생겨 생식으로 보상할 수 없다.

게다가 야채와 과일에는 효소가 농축되어 있지 않다. 과실이 익을 때는 효소가 숙성을 위해서 존재한다. 그러나 일단 숙성이 끝나면 어떤 효소는 떠나서 줄기와 씨앗으로 되돌아간다.

예를 들어, 열대 과일인 파파야에서 효소를 얻고 싶을 때, 그들은 덜 숙성된 파파야의 쥬스를 사용한다. 숙성된 파파야 자체는 많은 양의 효소가 없다.

효소가 특별히 많은 음식이 있는가?

바나나, 망고, 아보카도가 좋다. 일반적으로 칼로리가 높은 음식이 효소도 풍부하다.

모든 날 음식을 효소의 원천으로 추천할 수 있겠는가?

아니다. 효소 억제제라 불리는 것을 포함하는 음식들, 씨앗들, 견과류들이 있다.

이러한 효소 억제제는 씨앗을 보호하기 위해 있다. 자연은 그 씨앗이 조기에 발아하여 생명을 잃지 않기를 바란다. 자라서 종을 유지하기 위해 씨앗이 충분한 습기와 함께 흙 속에 확실히 있기를 바라는 것이다.

따라서 씨나 견과류를 날것으로 먹으면 당신은 효소 억제제를 삼키게 되어 당신의 몸이 생산한 어떤 효소를 중성화시키게 된다. 사실 효소 억제제와 함께 음식을 먹으면 췌장을 부풀게 한다.

모든 견과류와 씨는 이 억제제를 포함한다. 예를 들어 날 땅콩은 특별히 많은 양을 포함하고 있다. 날 맥아 또한 가장 좋지 않은 것 중 하나이다. 게다가 모든 완두콩, 콩, 편두콩도 얼마만큼씩 포함하고 있다.

씨앗인 감자에도 효소 억제제가 있다.

역시 씨앗인 달걀은 억제제가 주로 흰자에 있다.

일반적으로, 효소 억제제는 음식의 씨앗 부문으로 제한된다. 예를 들어 감자는 눈에만 있다. 과일의 과육 부분, 야채의 잎과 줄기 부분에는 억제제가 없다.

효소 억제제를 파괴하는 두 가지 방법이 있다. 첫째는 익히는 것인데 그러나 이는 모든 효소를 파괴한다. 두 번째 방법이 더 좋은데, 이는 *싹을 틔우는 것*이다. 이는 *효소 억제제를 파괴할 뿐 아니라 세 가지 내지 여섯 가지 요인에 의해 효소 함유량을 증가시킨다.*

메주콩 같은 어떤 음식은 억제제를 파괴하기 위해 특별히 잘 가열해야 한다. 예를 들어 시장에 있는 많은 메주콩 가루는 억제제가 파괴될 만큼 가열되지 않았다.

효소 억제제를 중화시키는 또 다른 방법이 하나 더 있는데 잠시 후 그것을 살펴보겠다.

생식으로만은 화식으로 인한 효소 낭비를 극복할 수 없다고 했는데 그러면 대안은 무엇인가?

유일한 해결책은 농축된 식물 효소 캡슐을 먹는 것이다.

유의할만한 부작용이 발견되지 않았으므로 식사 때마다 1 내지 3 캡슐을 먹는 것이 좋다. 물론 날것만을 먹었다면 그 끼니에는 효소 캡슐이 필요 없다.

캡슐을 열어 음식에 뿌리거나 음식과 함께 씹어 먹으라. 이런 식으로 하면 효소는 즉각 작용할 수 있다. 첨언하면, 효소를 보충하여 먹는 것이 발아되지 않은 씨나 견과류에 있는 효소 억제제를 중화시키는 세 번째 방법이다.

음식을 미리 소화시키는데는 식물 효소나 곰팡이 효소 농축액이 췌장 효소 알약보다 좋다. 췌장 효소가 작은창자의 알칼리성 환경에서만 잘 작용하는데 반해 식물 효소는 위의 산성 환경에서도 작용할 수 있기 때문이다. 효소 알약을 창자에 도달하도록 코팅하는 것은 적절치 못한데 이렇게 하면 위장을 지난 후에 방출되기 때문이다. 음식을 미리 소화시키기에 너무 늦다. 몸은 음식을 소화시키기 위해 효소를 이미 사용했기 때문이다.

소화에 전혀 문제가 없거나 주로 생식을 하는 사람이라도 효소를 먹으면 이득이 있나?

아마도 이득이 있을 것이다. 우리 몸은 여러 가지 방법으로 효소를 써버리고 있어서 무엇을 먹느냐에 관계없이 *당신의 효소 은행을 유지하게* 할 것이다.

예를 들어, 효소는 특정 질병 동안, 너무 춥거나 더운 날씨에, 그리고 격렬한 운동 중 더 빨리 소모된다.

또한, 섭취된 어떤 효소는 낭비되지 않고 신체의 효소 저장소에 축적된다는 것을 기억하라.

게다가 전성기를 지나면서 우리 몸에서 땀과 오줌을 통해 배출되는 효소의 양이 죽을 때까지 점점 줄어든다. 사실, 낮은 효소 수치는 나이 그리고 만성질환과 연관된다.

이제껏 효소를 더 섭취하면 수명이 연장되는가에 대한 분명한 증거는 많지 않다. 그러나 생식을 하는 실험실 쥐가 약 3년간 산다는 것은 안다. 효소가 없는 음식을 먹은 쥐는 2년간만 산다. 따라서 효소가 결핍된 식습관은 수명을 30% 감축시킨다고 할 수 있다.

이것이 인간에게도 그대로 적용된다면 사람이 수명을 20년 또는 그 이상 연장할 수 있음을 의미할 수 있다- 다만 적절한 효소 수준을 유지함으로써 말이다.

1 장
영양에 있어서 F-자임의 역할

"효소는 모든 생명체의 활동을 관할하는 제일 중요한 활성 단백질이다"

인류 조상은 그 형태와 습관에 있어서 초기의 인류 조상은 요즈음의 유인원과 비슷하다는 것이 과학계의 공식적 견해이다. 인류의 조상은 음식을 익혀먹지 않았다. 초기 인간들이 채집한 그대로, *불에 대지 않고* 음식을 먹었으리라는 상상을 하기는 어렵지 않다. 원시인이 불의 사용법을 처음 알았을 때 조리법이 시작되었겠지만 오늘날 우리가 아는 만큼 효율적인 기술은 아니었다. 음식을 익혀서 요리하는 것이 긴 역사를 가지고 있기 때문에, 그 관습은 인류 건강에 해악을 가져왔다는 비난을 받지 않고 있다. 익혀 먹는 습관이 건강에 유해하다면 인류가 이렇게 오랫동안 살아남을 수 없었으리라고 말할 수 있다. 그러나 누구나 불과 높은 온도의 파괴성은 잘 알고 있다.

인류가 대를 이어오는 것이 가능했다는 것만으로 식습관이 완벽한 것이라고 판단해서는 안 된다. *수명과 퇴행성 질환의 발생도 반드시 고려해야 한다.* 인류에게 퇴행성 질환이 전혀 발생하지 않았다면 조리의 잠재적인 파괴효과를 무시할 수 있다. 그러나 그렇지 않기 때문에, 나아가서 몇몇 파괴적 퇴행성 질환의 발병이 증가되고 있기 때문에, 원시 조상들의 생활 습관 중 조금이라도 중요한 것은 주의 깊게 관찰해 볼만하다.

비타민의 영양학적 가치를 측정하기 위한 실험은 보통 동물의 총 수명 중 비교적 짧은 시간동안에 이뤄진다. 초기 성장기가 이용되는데 반해서 만성질환은 대체로 생활사의 후반부에 나타난다. 소금과 비타민을 첨가한 가공식품이 성장기의 어린 쥐의 체중과 생식능력을 증가시켰다고 해서 이 음식이 생명의 후반부에 정상적인 건강을 유지하게 하고 정상 수명을 다하게 할 것이라고 단언할 수는 없다. 보통 2년 내지 4년 동안 쥐의 전체 수명 내내 실험한 경우가 더러 있었는데, 이 때 보통의 균형 잡힌 가공 식품으로는 다양한 병리 현상들을 막을 수 없음을 볼 수 있다. 맥케이와 그 동료들은[1]

2년 이상 생존한 쥐들 중에서 최소한 절반이 장님이 된 것을 발견했다. 비뇨기과 병은 더 빈번하게 발생했다. 나중에 이 부분을 자세히 다룰 것이다.

보통 조리할 때 사용하는 높은 온도 뿐 아니라 저온 살균도 많은 효소를 죽인다는 증거들이 많이 있다. 해당 온도들이 모든 효소에 파괴적이라는 것은 일반적으로 알려진 사실이다. 이런 사실에 비추어 볼 때 일반적으로 우리가 먹는 음식은 그것이 가열 처리되기 전의 똑같은 음식에 존재하는 분량에 비추어 볼 때, 아주 미미한 분량의 효소만을 보유하고 있음을 쉽게 알 수 있다. 이런 사실을 분명히 기억한다면 *F-자임이 도대체 동물의 몸에서 어떤 기능을 수행하고 있는지*를 알아볼 필요가 생긴다.

그것이 음식에 있건 소화 분비물에 있건 효소는 극히 활동적인 물질로써 온도와 습도가 적절해지면 곧바로 기능을 시작한다. 전분 식품을 익히지 않고 먹으면 음식이 습기를 흡수하기 시작한다. 수분 함량이 적정 수준에 이르면 전분 입자 안에 있는 F-자임 활동이 즉각 일어 날 수 있는 상태가 된다. 소화액에 포함되어 있는 효소가 분비되어 작업을 시작하기 전에 이미 소화가 시작된 것이다. 효소의 분비를 촉진하는 내분비선의 자극이 적정수준으로 일어나며 분비량도 과도하지 않다. 따라서 노년이 될 때까지 지속적인 분비 능력을 유지하게 된다. 이런 점들을 후에 상세하게 고찰할 것이다.

요즈음 생 과일이나 야채를 많이 먹고는 있지만, 나는 농경 시대의 우리 조상들의 옛날식 식생활에서 더 많은 효소를 섭취했다고 믿는다. 빠르고 지극히 효율적인 현대의 조리법은 옛날의 방식과는 상당히 다르다. 어떤 원시인들은 가열한 돌을 음식에 넣고 익혔다. 굽는 것도 야외에서 했다. 그런 방법으로는 열이 구석구석 들어가기 어렵고 열에 직접 닿지 않은 부분에 있던 효소가 파괴되지 않을 수 있다. 스테판슨[2]은 에스키모인들은 튀겨 먹지 않으며 익힐 때도 꼭 고기 내부가 익지 않을 만큼 만 한다고 말한다. 옛날에는 빵도 종종 불완전하게 구워서 속이 덜 익은 채였다. 현대의 자동 오븐은 100도씨에서 300도씨의 열을 확실하게 고루고루 전달한다. 많은 음식을 튀기고, 튀김 온도는 200도씨를 훨씬 넘는다. 옛날에는 맥주와 포도주를 데우지 않고 마셨다. 농경시대의 우리 조상들은 가열하지 않은 꿀, 우유, 치즈, 버터를 사용했다. 정제된 꿀은 모두 응고를 막기 위해 24시간 내지 72시간 동안 60도씨 내지 125도씨에서 가열된다. 야생 꿀이 이전에는 다방면에 쓰였지만 덜 비싼 설탕의 출현으로 꿀이 옛날만큼 쓰이지 않는다. 과일 주스조차 점점 더 캔에 저장된 것으로 마시고 있다.

야채에는 많은 미네랄과 비타민이 있지만 효소의 함유량은 지극히 낮다. 내가 수행한 실험 결과에 의하면 발아하지 않은 밀 알갱이의 아밀라제 작용은 날 양배추보다 100배나 높다. 현대 영양사들은 전분이 없는 신선한 야채 사용을 격려하여 식습관의 균형을 맞추려 하는데 이렇게 해서는 적정량의 효소 섭취를 할 수 없다. 빵이나 고기처럼 칼로리가 높은 음식은 상당량의 효소를 포함하고 있긴 하지만 조리를 위해 가열 처리하는 동안 그것들을 잃는다. 식습관의 균형을 맞추기 위해 칼로리가 낮은 신선한 야채를 먹는다 해도 준비하는 동안 많은 양의 효소를 잃어버리고 결국 극소량만을 섭취하게 된다. 대부분의 사람들이 효소가 약간 있거나 전혀 없는 가열 처리된 음식으로 칼로리를 채우기 때문에 효소의 섭취량은 놀랄 만큼 줄어든다.

음식을 열로 처리해서 일어난 물리적 변화 때문에 건강이 나빠지고 병리현상이 발현되는 것은 아니다. 익힌 음식은 부드럽고 따라서 습관적으로 꿀꺽 삼키게 되어 충분히 분쇄하지 않은 결과 소화 기관에 부담을 준다고 주장할 수 있다. 그러나 스테판슨을 포함해서 원시 에스키모인의 생활을 주의 깊게 관찰한 사람들은 에스키모인들이 개들처럼 고기를 꿀꺽 삼키고 도무지 분쇄하지 않는다는데 의견을 같이 하고 있다. 불충분한 분쇄가 건강을 해치는 주요 원인이라면 외딴 에스키모인들은 논리적으로 최소한 우리 정도로 충치, 소화 불량 또는 다른 일반 병에 걸려야 한다. 그러나 앞으로 내가 설명하겠지만 그것은 사실과 전혀 다르다.

2 장 장의 효소 흡수 능력

"효소는 소화를 도울 뿐만 아니라 인체로 흡수된다"

효소는 실험실 상황에서 창자 막을 통과하지 않으므로 효소가 장 도관에서는 흡수되지 않는다고 일반적으로 가정한다. 여러 가지 당분이 생체와 시험관에서 내장 벽을 지나는 것을 실험한 결과, 생리학자 웨스턴브링크[3]는 반대 결과를 얻었고 시험관 내에서 장 통과성은 생체 내에서의 흡수와 거의 유사성이 없다고 결론지었다. 소화되지 않은 단백질을 포함하여 다양한 물질들이 순환 조직에 흡수될 수 있다는 결론이 이제는 확립되었다. 일리노이 대학 공중 위생과 연구 실험실의 셔거와 아놀드[4]는 바실러스프로디지오서스*B. prodigiosus*, 바실러스뮤리아이*B. murii* 그리고 바실러스웰치아이*B. welchii*를 성공적으로 배양하였고, 대장의 내강에 박테리아를 넣은 지 15분 이내에 그 개를 죽이면 개의 장간막腸間膜, 림프선, 간, 비장, 허파 등의 조직체에서 그 박테리아들이 회수될 수 있음을 보여주었다. 직장에 박테리아를 주입하고 한 시간 후에 죽인 개의 기관들에는 살아있는 박테리아가 하나도 없었다. 직장에 주입한 후 30분 그리고 45분 경과 후와, 15분 경과 후를 비교하였을 때, 시간이 갈수록 보다 적은 박테리아가 기관들에 존재함을 보여주었다. 16 마리의 개들을 대조군으로 사용하였다. 쥐에서도 실험해 보았는데 개에서의 관찰을 입증해 주었다. 이 연구는 효소가 흡수되는지 보려고 고안한 실험에서 혈액 샘플을 채집한 시간이 긍정적 혹은 부정적 결과를 낳은 결정적 요인이 될 수 있었음을 보여주었다.

일리노이 대학 세균학과의 피셔[5]는 위장관을 통하여 개에게 공급한 플라이쉬만Fleischmann의 압축 효모 한 조각이 결국 간, 림프선, 허파, 비장, 신장에서 효모의 양성 배양반응을 보임으로써 효모 세포가 통째로 장의 내강에서 순환기로 흡수됨을 증명하였다. 후에 이어진 실험에서 피셔[6]는 개의 대장에 효모 세포를 주사하였을 때, 박테리아로 실험한 경우처럼, 살아있는 효모가 여러 기관들에서 흡수되어 검출되었는데, 15분 후에 가장 많이 검출되었고 이후로 계속 감소하여 두 시간 후에는 전혀 나타나지 않음을 보여주었다. 박테리아와 효모 세포가 림프 조직에서 발견되었다는 것은 흡수의 메카니즘을 강조하는데 있어서 중요하다. 타이초스키[7]는 토끼와 개의 장으로부터의 먹이 흡수 경로를 조사했는데 흡수된 입자들은 림프액, 일군의 백혈구들, 그리고 미세한 정맥에서 관찰되었다. 그는 백혈구가 잉크의 운반체 역할을 하는 것을 목도했다.

워싱턴 의대의 내과에서 알렉산더의 연구그룹은[8] 침전 실험을 통해 달걀 흰자가 흉관과 통하는 림프에는 있지만 문맥門脈 피에는 없음을 쉽게 보여 줄 수 있었다. 그들은 섭취된 단백질이 순환 체계에 들어가는 길은 흉관 림프라고 결론지었다. 달걀 흰자를 위관을 통해 개에게 먹였다. 몇 번의 구별된 실험을 통하여 단백질이 변성되지 않은 채로 장을 통해 흡수될 수 있다는 것을 입증했다. 뉴욕대학의 래트너[9]는 정상적인 장벽을 통해 변성되지 않은 단백질이 통과하는 것은 생리적인 현상이며, 일반적으로 생각하는 것보다 훨씬 더 규칙적으로 일어난다고 진술한다. 래트너와 그루엘[10]은 분해되지 않은 단백질이 장벽을 통해 변성되지 않은 채로 흡수될 수 있다는 결정적인 증거로서, 동물들에게 단백질이 입으로 투입되면 감작減作되어 충격을 받을 수 있다는 사실을 제시했다. 윌슨과 왈저[11]는 변성되지 않은 달걀 단백질의 흡수는 어른과 마찬가지로 유아와 어린이에게도 정상적인 생리적 기능이라고 믿는다. 박테리아, 효모 세포, 단백질 같은 많은 복잡한 물질들이 장벽을 통해 지날 수 있다면 콜로이드 상태인 효소의 흡수가 불가능하다는 이전의 견해는 더 이상 지지될 수 없다.

효소가 장을 통해 흡수될 수 있는지를 가장 세심하게 알아내려고 한 사람은 노스웨스턴 대학의 크랜달[12]이다. 수많은 개에게 제주날jejunal과 엑크Eck 누관을 심고 회복 후에는 신선하고 활동적인 췌장액이나 인간의 타액을 제주날 누관을 통해 공급했다. 그리고 혈청에 있는 아밀라제와 리파아제 양을 투여 후 1시간, 2시간, 4시간, 6시간 되었을 때 측정하였다. 이 기술의 한 가지 결점은 혈청이 효소 흡수 관찰에 적합한 배지라는 증거가 없다는 점이다; 사실 반대 증거가 압도적이다. 수 차례의 실험에서 효소를 투여한 후 혈청의 효소 수치가 소량 증가되었으며, 따라서 크렌달은 소량의 효소가 흡수되었을 것이라고 결론 내렸다.

반면, 오엘고에츠와 동료들[13]은 혈청 아밀라제 수치가 낮은 환자에게 췌장 추출물 50 그레인을 투여한 후, 혈청 아밀라제 수치가 한 시간 이내에 정상이 되고 약 3일간 정상을 유지한 후 원래 수준으로 점차 떨어짐을 보여주었다. 정상인에게 주면 혈청 아밀라제 수치는 변하지 않는다; 대변의 아밀라제 농축도 역시 변함이 없다. 섭취된 효소가 무엇이 되는지 알아보기 위해 오엘고에츠는 췌장 추출물 30 그레인을 토끼 집단에게 매일 일 주일간 먹였다. 그 다음, 동물을 해부하여 간과 비장을 꺼내 대조군과 아밀라제 활성 정도를 비교했다. *췌장 추출물을 취했던 토끼들은 대조군보다 간의 아밀라제가 대략 두 배 많았고 비장에는 아밀라제가 17배 있음*이 발견되었다. 오엘고에츠는 혈청 효소가 알맞게 있음으로 해서 단백질을 통채로 그대로 먹어서 생기는 음식 알레르기를 효과적으로 방어할 수 있으며, 혈청 효소 등급이 낮으면 알레르기가 일어난다고 믿는다. 오엘고에츠와 동료들의 실험에 따르면[14, 15, 16] 혈청 효소 등급이 낮은 알레르기 환자에게 규정보다 많은 양의 췌장 효소를 투여하면 혈청 효소 등급이 정상으로 되고 알레르기 증상이 완화된다.

버타넌과 수말라이넌[17]은 많은 양의 돼지 췌장 리파아제를 모르모트에 피하주사 하여 대부분의 효소가 남아있음을 발견했는데 간에 가장 많이 쌓여있었다. 같은 결과가 토끼에게서도 나왔다.

오엘고에츠와 동료들에 따르면 혈청 효소는 쪼개지지 않은 단백질, 탄수화물 그리고 지방이 혈관으로 들어가서 좀더 단순한 단위로 쪼개지는 수단을 제공하여 알레르기를 피하게 한다. 산도酸度, 소금 농도, 온도 등이 일정한 혈류血流는 부분적으로만 소화된 물질이 정상적인 생리과정으로서 소화되는데 이상적 환경이다. 혈청의 효소 수준이 낮으면 이러한 보호작용이 불가능하다. 이들 연구자들은 기능적 소화장애, 신경성 위장장애, 위산과다, 두드러기 그리고 많은 위장병들이 혈청 효소 수치가 낮은 사람의 경우 췌장 추출액을 15 그레인 씩 매일 세 번 투약하면 증상이 즉각 사라짐을 보여주었다. 다른 믿을 만한 임상의에 의하면, *규정량보다 많은 효소를 투여하면 특정 소화 증상을 완화시키는데 효과가 있으며,* 다양한 피부병들도 불완전 소화된 음식물이 피부에 자극이 되었기 때문이라 생각한다.

볼디레프[18]는 소장의 처음, 중간, 끝에 누관을 심은 개가 금식 상태에서 주기적으로 분비하는 췌장과 장액이 효소를 포함한 상태로 장벽을 통해 혈류로 완전히 흡수되어, 혈액의 단백질 분해력과 지방 분해력을 증가시킴을 관찰했다고 주장한다.

캘리포니아주 산타 바바라에 있는 포터 메타볼릭 진료소의 샌섬[19]은 소화불량, 복부 가스, 음식 습진, 두드러기 그리고 여타의 질병 상태에 있는 환자에게 과량의 효소를 복용시켜 많은 개선효과를 얻었다. 반응 정도는 다음 표에서 판단될 수 있다.

발병건수		개선된 건수
34	기관지 천식	88%
12	음식 천식	92%
42	음식 습진	83%
19	건초열	80%
11	설사	100%
54	정상 체중	그대로 유지
29	비만	93%
197	체중미달	91%
29	두드러기	86%

샌섬은 곰팡이에서 추출한 아밀라제가 복부 가스를 없애는데 효과적임을 발견하고 펩신과 판크레아틴과 함께 그것을 썼다. 렌다[20]는 유아에게 과량의(8 내지 50 그레인) 말린 췌장을 알약 또는 가루 형태로 1주 내지 4주간에 걸쳐 투여했더니 특정 형태의 두드러기 75건이 개선되었다고 보고했다.

엘슨[21]은 마른 버짐psoriasis을 효소 결핍증으로 분류하고, 버짐의 반점은 소화의 여러 단계에 있는 유사 지질類似脂質 lipoids과 단백질 물질들을 방출-사실 그는 추방이라 불렀다-시킨 것들로 구성되어 있다고 믿었다. 19년 동안 엘슨은 마른 버짐에 막대한 양의 췌액소(매일 90내지 120 그레인)를 투여하여 탁월한 성공을 거두었다. 치료는 여러 달이 걸렸고 엘슨은 다른 치료에도 잠깐씩 그것을 써서 많은 원인 불명의 두드러기, 근원을 알 수 없는 많은 피부병과 여러 가지 음식 알레르기 치료에 성공을 거두었다.

헝가리, 부다페스트에 있는 헝가리 국립 철도 병원의 피부병학 부장인 셀레이[22]의 논문을 발견한 것은 행운이었다. 그는 피부 질환에 효소 요법을 쓰면 서서히 개선되는데 투여를 멈춘 뒤에도 계속 개선된다고 발표했다. 헝가리인 피부병학자는 다량의 효소, 즉 매일 8내지 10알의 췌액소 알약 또는 100내지 150그램의 날 췌장의 섭취를 권고했다. *피부경화증Scleroderma verum*도 효소 요법이 효과적이었다. 로나 마이클리스 시험(비독성 리파아제 시험)으로 검사한 경우 90%가 셀레이가 말하는 췌장액 결핍 상태였다. 그는 여러 형태의 피부 질환 17 사례를 보고했는데 그가 발효 불량증이라 명명한 질환에서와 마찬가지로 좋은 결과를 얻었다. 셀레이는 피부경화증에서의 치료법이 단순한 대체에 의한 작용이 아니라고 주장하는데, 오랜 기간 투여를 하지 않아도 피부경화증이 다시 재발하지 않았기 때문이다. 그의 주장은 계속된다. "몇 주간 계속 치료한 후 비독성 리파아제 저항성이 양성에서 음성으로 변하는데 이는 이 효소들이 모든 기관과 중요하게 관련되고 있음을 증명한다. 효소 요법을 그만두면 비독성 리파아제 저항이 이 환자의 경우 다시 양성으로 나타난다."

이는 섭취된 효소의 잉여 부분이 *저장기관*(주로 비장과 간)에 보관되어 있다가 필요할 때 꺼내 쓰여진다는 오엘고에츠의 발견과 맥을 같이 하는 강력한 증거를 제시하고 있다. 효소를 구강 투여하여 특정 피부질환을 가라앉힐 수 있다는 사실은 증상이 개선됨과 동시에 혈청 효소 등급이 낮은데서 정상치로 올라간다는 사실과 짝을 이루어, 상당히 유용한 분량의 효소가 장을 통해서 흡수될 수 있음을 증명한다.

구강으로 들어간 효소의 운명을 기록한 것 중 가장 뛰어나다고 내가 믿는 것은 일본 도호구 왕립대학 의과진료소의 마수미주[24]의 연구이다. 마수미주의 연구는 여러 가지 점에서 특기할 만 하다. 실험은 개별의 소변 표본을 나누지 않고 24시간 동안 배뇨된 소변을 모두 합하여 조사하여, 분비된 모든 효소를 확실하게 조사했다. 10마리의 토끼를 가지고 실험했는데 이들에게 각각 구강으로 5그램의 췌액소 또는 5 그램의 곰팡이 아밀라제를 매일 투여하였다. 이 복용량은 몸집에 비해 상대적으로 엄청난 것이기 때문에 다량의 효소가 흡수되어 소변으로 간다는 것이 의심할 수 없게 증명되었다. 마수미주는 효소를 투여하면 아밀라제의 뇨분비량이 대략 두 배로 늘어나는 걸 증명했지만, 혈청 아밀라제 농도가 증가하는 것은 전혀 확인 할 수 없었다. 그의 모든 실험에서 혈청의 아밀라제 수준은 늘 일정했으며 숫자가 이 내용을 증명한다고 주장했다. 이는 생리학적 한계 이하가 아니면 섭취된 효소가 혈청 아밀라제 수준에 영향을 미치지 않는다고 했던 오엘고에츠의 발견을 증명 하였다.

나는 장을 통한 효소의 흡수 가능성을 검사하기 위해 혈청을 검사하는 것은 전략상 오류라고 믿는다. 이 효소들은 혈청을 통해 신장으로 운반되지 않는다. 나는 차후의 토론에서 효소 운반 메카니즘을 보여주겠다. 단백질과 마찬가지로 정상적인 효소 흡수 채널은 림프라는 것을 증명하려고 한다. 마수미주는 5일 내지 10일간 뇨 표본을 24시간 수집했다. 소변을 통해 분비되는 매일의 총 아밀라제 양을 검사해서 계산했고, 매일의 수치의 총합은 아밀라제 분비값의 대조값이 되었다. 그 다음 같은 동물에게 판크레아틴이나 곰팡이 아밀라제를 주고 소변을 모아서 같은 기간동안 아밀라제 값을 측정했다. 곰팡이 효소는 사용된 판크레아틴보다 아밀라제 값이 10배 높았는데 이는 파크 데이비스 회사의 상품이었다. 곰팡이 아밀라제로 수행한 모든 실험에서 뇨의 전분 용해력이 두 배 이상이었다. 투여된 양의 상당 부분이 배출되었다. 하지만 판크레아틴의 경우, 투여된 양과 비교하였을 때 분비된 효소의 양이 곰팡이 아밀라제를 사용한 때보다 더 많았다.

육식성이나 잡식성 동물의 경우보다 토끼의 위를 지날 때 효소가 덜 파괴된다는 추측을 할 수 있을 듯하다. 그러나 이것은 사실이 아니다. 여러 조사에 의하면 여러 표본들의 위장 내용물의 산도 평균치가 다음과 같다.

토끼	1 내지 2
인간	1 내지 2
쥐	3 내지 4
개	3 내지 4

이 수치에 따르면, 예를 들어 개의 위가 토끼보다 췌장의 효소들에게 적합한 환경을 제공한다. 토끼 위장의 산도가 분명히 높기 때문에 초식성 토끼의 위장이 효소를 덜 파괴한다는 가정으로 마수미주의 실험을 무효로 만들 수는 없다.

세포의 필요와 저장 능력 이상으로 들어온 물을 배출해 버리는 것처럼 신체 기관들이 즉시 사용할 수 없을 만큼 많은 효소가 들어오면 제거하는 메카니즘이 있다. 흡수된 효소가 혈류에 너무 많으면 세포의 저장능력에 잠깐 무리를 주고 효소는 뇨를 통해 제거되는데 갑작스럽게 증가한 여분의 탄수화물이나 물을 소변을 통해 제거되는 것과 같다.

그러나 다량의 효소 흡수가 정상적인 생리학적 증상인가에 대한 의혹이 여전히 남아있으므로 나는 중요한 사실을 인용해 보겠다. 체게드에 있는 왕립 헝가리 프란츠 요셉 대학 병리학 연구소의 칼로[25, 26]는 가슴림프관 팽대*cisterna chyli* 의 림프의 지방분해 활성을 21 마리의 개에 있는 대정맥 후부*vena cava inferior*와 정맥 갱구*vena portae*의 피와 비교했다. 림프는 보통 피보다 훨씬 많은 양의 리파아제를 함유하는데 지방을 많이 섭취하면 특별히 그렇다. 칼로는 이 리파아제가 복부 가관, 췌장, 간, 그리고 장을 통해 두 가지 방법으로 흡수됐으리라 결론지었다: (a) 이 기관의 림프관을 통해 직접적으로 흡수, 또는 (b) 췌장액 또는 장액에 의한 장 통로로 이전에 들어온 길을 따라 간접적으로 흡수된다.

코쿠료[27]는 피와 소변의 말타아제가 일부는 췌장에서 일부는 장에서 나온 것이라 주장했다.

3장 여러 체액들의 상대적인 정상 효소량

"인체내에 존재하는 모든 체액은 효소를 가지고 있다"

코헨[28]은 소변을 통한 아밀라제 배출량이 식사 직후 많아지는 등 크게 달라지는 것을 발견하고 아밀라제는 내장에서 불규칙적으로 흡수된다고 생각했다. 혈액 중의 아밀라제는 소변 중의 아밀라제 함량 변화에도 불구하고 일정하게 유지되었으므로 오엘고에츠와 마수미주의 발견을 확증한 셈이 되었다. 카메론[29]은 소변 중의 아밀라제가 소화과정과 긴밀히 연결된, 규칙적인 상승 하강 주기를 가지고 있음을 보여주었다. 식후의 전분 분해력은 어떤 경우에는 30분 이내의 빠른 시간 내에 비교적 높은 값에 도달하고, 다른 경우에는 조금씩 점차적으로 변하여 보통 식후 한 두 시간 이내에 최고치에 도달된다.

소변을 통한 아밀라제 분비에 대해서 집중적인 연구를 수행한 독일 플라우엔시 시립 병원의 에크하드트[30]는 음식 소비에 따라 소변 중의 아밀라제 분비량이 변화하는 걸 보여주었다. 라이드[31]는 소변 표본을 매 시간 검사하여 아밀라제 함량을 조사했는데 식후 2-5 시간에 최고점에 도달했다가 이후에는 수치가 떨어지는 경향을 보였다.

반면에 시카고 대학의 칼슨과 럭하르트[32], 베를린 대학 병리학 연구소 볼게머뜨[33], 클라이만과 샤르[34] 등의 사람들에 의해 혈청 효소는 건강에 따라 일정 수준을 유지하며 음식이나 식사와 상관이 없다는 것이 일관되게 나타났다. 클라이만과 샤르는 토끼의 피 혈청에서 단백질 분해 효소인 카텝신cathepsin과 트립신trypsin의 양을 측정했다. 수치는 놀랄 만큼 일정했으며 5내지 7% 이상 달라지지 않았다. 게다가 혈청 효소의 함량은 금식한 토끼에서 피를 뽑았든 식후 즉시 뽑았든 상관없었다. 볼게머뜨는 섭취한 음식 종류와 양이 달라져도 혈청 아밀라제에 직접적인 영향을 미치지는 않는다고 발표했다.

칼슨 교수는 이렇게 진술한 적이 있다.: “만약 혈액 중의 디아스타제가 소화관에서 재흡수된 췌장 아밀롭신이라면 육식동물의 피보다 초식동물의 피에서 더 많은 양의 발효물이 검출되는 것이 당연한 것으로 보인다. 또한 채식을 계속 시켰을 경우의 육식동물에서 (혈액 중의 디아스타제의) 증가를 관찰할 수 있는 것이 합리적일지도 모른다.” 개와 닭의 실험에서는 고기를 먹였건 탄수화물을 먹였건 혈청 아밀라제 변화를 보여줄 수 없었으며, 칼슨이 측정한 결과 육식동물인 개와 고양이가 초식동물인 염소, 양, 소, 토끼보다 혈청 아밀라제 농도가 높았다. 혈청 아밀라제 농도는 인간보다 개가 10 배 내지 12 배 더 높았다: 슐레진거[35], 뫼켈과 로스트[36], 마이어와 라이드[37]; 토끼는 인간의 두 배였다: 와타나베[38], 슐레진거[35]. 상기의 참고문헌들은 음식에 따라 소화액 분비가 크게 달라지는 데 비해 혈청 아밀라제는 그만큼 달라지지 않는다는 증거를 제시한다. 그러나, 음식이 혈청 효소를 일시적으로 약간 증가시킨다는 보고는 더러 있었다.

혈청 중의 효소 농도는 음식에 의해 크게 영향 받지는 않는 듯하나, 단식하고 있는 장에 분비된 D-자임은 피에서 검출될 수 있는 것으로 나타났다. 개를 가지고 한 실험에서 볼디레프[18, 39]는 소화기관을 구성하는 근육과 내분비선이 소화 작용 시 쉬지 않고 있음을 보여주었다. 여러 가지 액체들이 쏟아져 나오고 소화관에서는 주기적이고 리드미컬한 수축이 일어난다. 이 액체들은 흡수되는데, 볼디레프는 이 때에 혈액의 프로테아제와 리파아제 함량이 증가된다고 주장한다. 이바노프와 바실레비치[40]는 볼디레프의 결론을 확증한다. 비어 있는 위장의 수축을 기록하는 실험을 하는 동안 피를 검사했는데, 혈액 중의 리파아제와 아밀라제는 소화관의 주기적 활동과 상당한 정도로 병행하여 변화를 나타냈다. 그러나 이런 효소들이 췌장, 간, 또는 다른 세포에서 혈액으로 직접 들어갈 가능성은 배제할 필요가 있다.

특정 효소의 분비를 가장 효과적으로 자극하는 것은 음식의 유형이라고 일반적으로 인식되고 있다. 예를 들어 아밀라제는 단백질만 존재할 때보다는 전분이 있을 때 좀 더 풍부하게 분비된다. 혈청 중의 효소는 장의 효소 함유량 변화에 반응하지 않으므로, 그들이 장의 D-자임과 직접적인 상관관계가 없음은 당연하다. 이 사실을 미루어 보면, 혈청을 검사함으로써 장내의 D-자임들의 배열 양상을 알아보기 위한 실험을 고안하는 것은 논리적으로 타당하지 않은 것 같다.

D-자임이 다량으로 흡수되는 것이 정상적인 생리 과정이라는 것에 대하여 증거가 더 필요하다면, 타액관, 위, 췌장 그리고 장의 분비선을 통해

엄청난 양의 효소가 소화관에 쏟아져 들어가는데 비해 극히 일부만이 대변에서 검출된다는 사실을 인용할 수 있을 것이다. 대변을 액체로 만들어 37도씨에서 24시간 두었는데, 효소가 대변에서 불활성화 되지 않음을 내가 증명했다. 어떤 실험에서는 활성이 약간 줄어들었는데 반하여 다른 실험에서는 약간 증가하는 듯이 보였다.

D-자임은 대변으로 배설되거나 다시 흡수됨으로써 장에서 제거된다. 상대적으로 적은 양만이 대변으로 버려지므로 나머지는 신체에 흡수되는 것이 분명하다. 대변의 전분 분해력과 체액의 전분 분해력의 상대적인 크기, 즉 그램 당 내지는 밀리리터 당의 크기를 알아보기 위해 나는 몇몇 대표성 있는 자료들을 검증하고자 한다. 이런 유형의 연구에서는 볼게머뜨[41]가 선구자이다. 분비된 타액 자체의 수치는 24시간 표본들을 비교했을 때 대변의 수치보다 몇 배 높게 나타날 것이다. 하웰의 조사에 따르면, 잡식을 한 인간의 대변 무게는 매일 200그램 이하, 췌장액 분비는 24시간 동안 500내지 800밀리리터였다[42]. 하웰의 췌장액 분비값이 너무 높다고 여겨 빌라레와 저스틴 베산콘[43]이 제시한 296 밀리리터라는 수치를 택하더라도 대변과 췌장액의 아밀라제 값 사이에는 엄청난 차이가 있음을 볼 수 있다. 볼게머뜨의 측정치는 다음과 같다:

	아밀라제
사람의 대변	468 단위/g
사람의 타액	1125 내지 5000 단위/mL
사람의 췌장액	12,000 내지 40,000 단위/mL

췌장액으로 장에 분비된 효소의 양과 최종적으로 대변으로 배출된 양 사이에는 커다란 차이가 있음을 볼 수 있다-췌장액이 50배에서 100배 가량 많다. 장액으로 분비된 효소 값을 알려주는 정보가 없긴 하지만, 상당하리라 여겨진다. 따라서 타액과 위액, 췌장액, 그리고 장액으로 소화기관에 분비된 효소 값은 대변으로 버려지는 것보다 흡수되어 몸에 남는 양이 훨씬 크다.

삼포냐[44]는 인간의 타액에 있는 아밀라제 양이 대변에 있는 것보다 더 많음을 발견했다. 소변 중의 아밀라제 값은 보통 대변의 경우보다 높다. 해리슨과 로렌스[45]는 정상적인 디아스타제 값을 발견했다.

피	3 내지 10 단위
소변	6.7 내지 33.3 단위

다른 사람들이 연구한 수치는 각각 다른 방법을 사용했기 때문에 비교할 수 없다.

보통 유아들의 경우 모라비토[46]는 다음과 같은 수치를 얻었다.

피	5 내지 10 단위
소변	12 내지 26 단위

"피"라는 단어가 쓰일 때 이는 혈청을 의미한다.

제너[47]는 건강한 49명의 소변 114건, 피 90건을 조사하여 다음과 같이 아밀라제 값을 측정했다.

피	8.5 내지 22.8 단위
소변	16 내지 128 단위

그레이와 소모기[48]에 따르면, 건강한 사람은 피보다 소변에 2배 내지 6배의 아밀라제가 들어있다. 주커와 그의 동료들[49]은 췌장액이 혈청보다 최소 50 배의 아밀라제를 함유하고 있음을 보여주었다.

엥겔하드트와 거트셕[50]은 다음과 같은 사람의 아밀라제 값을 발표했다:

피	3.85
소변	8.23
타액	1975.00

계속되는 데이터에서 소변 중의 아밀라제 양이 피에서 보다 여러 배 많음을 알 수 있다; 대변에서의 값은 소변에서 보다 적고, 췌장액과 타액에는 비교할 수 없이 많은 아밀라제가 있다. 다량의 효소가 분비되고 대변에

도달하지 않은 이유에 대한 유일한 설명은 그들이 신체 기관에 *흡수되었음에 틀림이 없다*는 것이다. 여러 가지 증거를 종합해 볼 때 이 결론을 피할 수 없다.

4 장 음식의 성질이 효소 분비에 미치는 영향

"우리 몸은 우리가 섭취한 음식에 따라 선택적으로 효소를 분비한다"

자료들을 살펴보면 장으로 분비된 효소들은 흡수와 분비를 반복하면서 대변과 소변을 통하여 손실된 분량을 보충한다는 증거가 많이 있다. 여기에서 제시된 자료들을 보면 *D-자임만 재 흡수*되는 것이 아니라 맥아, 곰팡이, 말린 췌장 추출물 등에서 공급된 효소들도 다량이 신체에 흡수된다. 휴면 상태의 보리와 발아한 보리의 중요한 차이점은 발아하는 동안 보리 효소가 몇 배 늘어났다는 점이다. 밀, 보리, 당근, 양배추, 우유 또는 꿀에서 발견되는 효소와 몸 안에서 분비되는 같은 명칭을 갖는 효소는 최대 활동에 필요한 산도 값이 약간 다르다는 것 외에는 동일한 특성을 지닌다. 따라서 자연 식품에 있는 효소가 체내에서 분비되는 효소와 똑같은 방법으로 몸에 흡수될 수는 없다고 가정할 근거가 없다.

기록된 증거들에 의하여, 흡수된 F-자임들이 체내 효소들처럼 소화와 신진대사의 역할을 감당할 수 있음을 어렵지 않게 이해할 수 있다. 생식만을 한 사람이 흡수한 효소가 소화기관으로 분비된 효소량에 비하여 작은 부분을 차지한다고 하더라도, 이것이 매일 쌓여 여러 달, 여러 해가 지나면 소화기관의 효소 수준 뿐 아니라 몸 전체 효소 수준도 올라갈 것이다. 내가 사실로 증명하려는 바는 흡수된 F-자임이 일정량의 일을 담당하면 체내의 효소가 담당할 일이 *줄어들고* 결과적으로 조직들에서 효소를 분비하고자 하는 자극이 보다 약해질 것이라는 점이다.

그 결과 체내 효소가 덜 분비되고 덜 사용되어 조직 내부에 더 많은 양이 *보존될 것이다. 나이가 들어감에 따라 체세포와 체액의 효소가 점차 감소*한다는 많은 증거들과 연관지어 생각해 보면 조직의 효소 보존량을 늘리는 것은 극히 바람직하다. 효소의 보존량은 나이가 들면서 감소되기도 하지만 여러 가지 병에 걸려서 감소되기도 한다.

분비된 소화액은 음식에 의한 자극의 성격과 관련이 없다고 추측할 수도 있다. 그러나 그것은 사실이 아니다. 오래 전 파블로프는 *특별한 자극에 대한 반응으로 효소가 분비되는데, 전분은 아밀라제의 분비를 자극했고, 단백질은 프로테아제를, 지방은 리파아제를 분비하게 했다*고 주장했다.

세인트 루이스 대학교 생리학과에 있는 넬슨과 루이스[51]는 25 명의 사람에 대해 특이적 분비 반응을 조사했다. 탄수화물 음식을 먹은 후 타액 속의 아밀라제가 30 내지 60% 증가했고, 단백질 음식인 경우에는 타액 속의 아밀라제가 10 내지 15% 감소했다. 넬슨과 테리[52]는 그 전에 개를 시험하여 탄수화물 음식은 타액 속에 상당량의 아밀라제를 만들어 내지만 고기를 먹으면 아밀라제가 현저히 줄어들거나 전혀 분비되지 않는다고 발표했다. 개나 고양이의 타액에서는 보통 소량의 아밀라제가 발견되는데, 칼슨에 의하면 이는 우발적인 것이다. 멘델과 언더힐은 개가 음식에 따라 타액선이 적응한다는 특별한 증거를 얻을 수 없었으나, 사미츄키나[53]는 이하선에 누관을 심은 개가 탄수화물이 풍부한 음식을 4 내지 7일 먹은 후 아밀라제가 타액에 나타나 급격히 최고점까지 오르다가 감소하여 약 20일 후 사라진다고 증명했다. 다른 어떤 음식도 개의 타액 속의 아밀라제 함량에 즉시 변화를 주지 않았다.

시몬[54]은 탄수화물 식사를 하는 사람은 (육식과 채식의) 혼합식을 하는 사람보다 전분 분해력이 훨씬 더 뛰어난 타액을 갖는 것을 보여주었다. 매 시간마다 타액을 조사했는데 혼합식을 할 경우 식사 중 또는 식후에 분비된 타액보다, 탄수화물 식사 때의 경우가 전분 분해력에 있어서 보다 높은 활성으로 훨씬 오래 유지되었다. 단백질을 섭취한 경우에는 전분 분해력이 혼합식을 할 때보다 낮았다.

에반스[55]는 지방과 단백질, 그리고 탄수화물을 포함한 식사를 한 후에 사람의 타액 안에 있는 아밀라제 양이 상승한다는 것을 확증했다. 20 내지 30 분 이내에 상승하기 시작해서, 2 내지 3 시간 후 최고점에 도달하며, 이후 감소한다. 끼니를 거르면 타액 속의 아밀라제 양은 증가하지 않는다. 단백질만을 먹는 식사는 영향을 미치지 않는다.

피칼루가[56]는 탄수화물 식사가 인간 소변 중의 아밀라제 양을 증가시킨다고 발표했다. 5일 동안 탄수화물 식사를 하는 동안 아밀라제 양은 계속 증가되었다. 음식을 바꾸고 4일이 지나자 아밀라제는 정상보다 약간 높은 정도로 떨어졌다.

골드스타인[57]은 인간 췌장액의 소화력은 먹은 음식 종류에 달려있다고 결론지었다. 리파아제, 트립신과 아밀라제 함량은 음식에 따라 달라진다.

골다예프[58]는 육식성과 잡식성 그리고 초식성 동물들의 췌장을 글리세롤로 추출하여, 그의 효소 활성을 조사했다. 음식의 성질과의 상관관계가 발견되었다. 트립신은 돼지에서보다는 개에게 많았고, 소는 가장 적었다. 아밀라제는 돼지가 가장 많았고 다음은 소, 그리고 개는 제일 적었다. 리파아제에 대한 조사는 확실한 결과가 없었다.

로미진[59]은 돼지의 췌장이 여러 가지 종류의 전분 1% 용액을 개보다 5배나 빨리 소화했다고 기록했다.

크지와넥과 샤키르[60]는 말, 소, 양, 염소, 돼지 그리고 개의 변에 있는 효소량을 검사했다. 육식성과 잡식성은 트립신이 많고 디아스타제는 적었으며, 초식의 경우 트립신은 적고 디아스타제가 많았다. 리파아제는 돼지의 변에 특별히 많았다.

위의 사실들은 다양한 동물들의 피와 소변의 아밀라제 함량에 대해 제시된 사실들과 비교하여 진지하게 연구할 가치가 있다. 육식성 동물의 혈청에는 아밀라제 함량이 상대적으로 높은데, 소변에는 췌장과 변에서의 함량과 비교했을 때 아밀라제 함량이 상대적으로 낮기 때문이다; 초식성 동물은 혈청의 아밀라제 함량은 상대적으로 낮고, 소변은 췌장과 변에 비해 상대적으로 높다. 혈청과 소변 사이에서보다는 췌장 또는 변과 소변 사이에 훨씬 큰 상관관계가 있음이 분명하다.

음식의 특성에 따라 소화액의 분비가 적응된다는 좀더 확실한 증거가 러시아 생리학 연구소의 연구자들에게서 나왔다. 마시우토치킨과 드로빈체바는 췌장관에 누관을 심은 사람에게서 얻은 췌장액을 가지고 음식에 따라 다른 효소가 농축되어 있음을 발견했다-지방 음식은 리파아제를 증가하게 하고, 탄수화물은 아밀라제를, 육류는 트립신을 증가시켰다.

아브람슨[61]은 혼합된 식사를 한 경우 또는 단백질은 없으나 우유와 탄수화물이 많은 식사를 한 경우의 췌장액의 효소 함량이 음식의 특성에 따라 스스로 적응되는 경향이 있는 것을 확인했다.

혈류血流 속으로 외부물질이 유입되는 것에 대응하여 신체 조직이 매우 특이적인 적응반응을 나타내는 것은 특정 자극에 대해 효소 생산의 특이적 반응이 따른다고 하는 내가 강조하고자 하는 관점을 확인하여 주었다. 아브더할덴 반응이란 특정 자극에 대해 특정 효소가 분비되는 것을 의미한다. 생리학자인 아브더할덴과 그의 동료들[62-71]은 설탕, 유당, 섬유상 글로브린fibrin globulin, 유글로브린euglobulin, 슈도글로브린pseudoplobulin, 혈청 알부민과 같은 외부 물질을 비경구非輕口 parenterally로 또는 피하에 주입하였을 경우 주입된 물질에 대하여 매우 특이적으로 특정 효소가 소변으로 배출되는 실험을 수 없이 반복했다. 설탕을 투여하면 슈크라제가 분비되고; 유당은 락타아제의 분비를; 단백질은 주입된 유형의 단백질만을 공격하는 단백질 분해 효소만을 분비했다.

몰리나[72]는 대변의 리파아제 함량을 조사했는데 기름을 주입한 후 상당량 증가되는 것을 확인했다. 그는 지방의 섭취가 늘어나면 장에서 리파아제의 분비가 자극된다고 믿고 있다.

모든 동물이 그런 것은 아니겠지만 인간을 포함한 대부분의 동물은 어릴 때 매우 약한 소화액을 갖고 있다. 특히 타액 속의 아밀라제 함량이 낮다. 수유를 하는 동물이나 영아는 많은 양의 효소를 분비할 필요가 없는데, 이는 그들의 첫 음식인 우유를 소화시키기 위해 많은 효소가 필요치 않고 그 자체에 충분한 효소가 들어있기 때문이다.

씨리-벨라Thiry-Vella 누관을 심은 개를 가지고 한 실험에서, 모스크바 제일 대학의 병리학연구소의 안드레프와 죠지스키[73, 74, 75]는 장액의 아밀라제 함량이 음식의 전분 양에 직접 비례하여 늘어나는데, 육류를 섭취했을 때는 최소한으로 분비되지만 탄수화물 섭취량이 늘어남에 따라 증가된다고 진술한다. 항상 며칠 동안의 적응기간은 있었다. 아밀라제 함량의 변화는 음식의 변화와 동시에 일어나지 않고 나중에 일어났다. 사미츄키나[53]에 의해서도 관찰되었던 바, 개의 타액에서 일어난 이러한 반응의 지연은 사람에게서는 발생하지 않는다.

소화액의 아밀라제, 프로테아제, 리파아제 함량이 섭취한 음식에 들어있는 전분, 단백질 또는 지방의 양에 따라 결정된다는 것은 일반적인 규칙으로 받아들여도 좋겠다. 정상적인 동물이 평균치의 효소량을 밑도는 소화액을 분비하는 때가 있다는 증거가 문헌에 나와있다. 이는 소화액의 다른 성분들은 소화관에 정상적으로 나온다고 할지라도, 포도당처럼 소화시킬 필요가 없는 음식이 주입되어 효소 분비를 위한 자극이 결핍되는 것이라고 생각할 수 있다.

5 장 소화에 있어서 F-자임의 효력

"현대의 조리법은 음식재료에 포함되어 있는 효소를 대부분 파괴한다"

효소는 보통의 경우 음식물의 일부이므로 인간이 불의 사용에 익숙해지기 전 시대에 F-자임은, 신진대사는 아니더라도, 당연히 소화과정을 도와주었을 것이다. 마찬가지로, 음식을 씹은 후 온도와 습도가 알맞으면 음식세포 안 밖의 F-자임이 활성화되어, 소화 분비물에 포함된 효소가 투입되기 전에 이미 작용을 시작했을 것이라는 점을 아무도 부정할 수 없다. 따라서, 내가 믿기로는, F-자임의 역할은 음식을 익히지 않고 생식을 했을 때의 통제되지 않는 상황에 의해 정해진다.

이러한 문제를 가지고 베를린 농과 대학 동물 생리학 연구소의 망골드와 더비스키[76]는 분쇄한 곡물과 순수 전분을 가지고 살아 있는 가축에게서와 항온장치 속에서의 소화에 대한 비교실험을 수행했다. 순수 전분을 먹인 가축의 내용물은 타액과 배설물에 아밀라제가 없으므로 전분 곡식이 전혀 분해되지 않았다. 분쇄한 보리를 먹인 경우에는 분해가 확실히 일어났고 (녹일 수 있는 탄수화물 특히 설탕을 배출) 이는 곡식에 있는 아밀라제의 효과 때문이었다. 분쇄한 보리를 먹이고 5시간이 지난 후 그 가축은 용해성 탄수화물 약 8%와 설탕 5%를 산출하였다. 동물의 몸에서 전분을 소화할 때 F-자임의 역할은 5 내지 10%로 측정되었다. 망골드와 더비스키는 동물의 타액에 효소가 있기는 하지만, 위와 장에서의 소화 때 F-자임이 역할을 할 것이라 주장했다.

슈와쯔와 텔러[77]는 살아있는 가축 안에 밀알이 머무는 동안 흡수하는 물의 양을 측정하였다. 부풀어서 늘어난 밀알의 무게는 다음과 같았다.

4 시간만에	11.43%
6 시간만에	32.69%
8 시간만에	36.71%

30그램의 밀알은 섭취 후 11내지 12시간만에 배출했다. 그들의 점막에서의 분비물에는 전분 분해 효소와 단백질 분해 효소가 포함되어 있지 않았으므로, 반응이 일어난 것은 곡식에 포함되어 있는 효소 때문이라고 믿었다.

아론[78]은 귀리, 보리, 그리고 야생 완두 vetch의 단백질 분해 효소들이 우유의 단백질과 여러 가지 채소의 단백질을 쉽게 소화시키는 것을 보여주었다. 소화의 마지막 단계까지 6 시간만에 도달했다. 아론은 이 채소 효소들이 펩신과 트립신을 돕는다고 여긴다.

채소들에 포함되어 있는 효소들이 동물의 체내에 있는 내용물들의 소화를 어느 정도까지 돕는지를 알아보기 위해 가축들에게 먹이는 다양한 채소 사료들을 자체 분해시키면서, 그리머[79]는 누에콩, 야생 완두, 보리, 그리고 귀리의 단백질 분해 효소가 매우 활성이 크다는 것을 발견했다. 전체 가용성 질소, 응고성 단백질, 알브모스albumoses들을 측정하였다.

보아스[80]는 바나나의 산화 효소(카타라제catalase, 옥시다제oxidase, 페록시다제peroxidase)들이 장 분비물에서 다시 활동을 시작하여 몇 가지 유용한 목적에 쓰임을 보여주었다. 유사하게 마테프[81]는 당근 쥬스에 포함된 옥시다제, 페록시다제 그리고 카타라제가 소화과정에 어떤 영향을 미쳤는지 실험하였다. 효소의 활성은 위의 산성 환경에서는 감소하였으나, 십이지장의 알칼리성 분비물에서는 활성이 증가되었다. 마테프는 생야채에 들어있는 산화 효소들이 소화과정에 필수적인 효소들에게 중요한 보충물이 된다고 주장했다.

시험관에서 타액이 생전분을 소화할 수 없음은 현미경의 도움으로 쉽게 측정할 수 있으며 여러 번 보고되었다. 레이처트[82]는 이 주제에 대해 문헌을 요약했다. 그러나 다량의 생전분이 신체 내에서 규칙적으로 소화되는 것은 분명하다. 생옥수수와 생감자를 먹여 농장 동물들을 살찌우는 것은 생전분이 소화된다는 설득력 있는 증거가 된다. 망골드[83]는 비둘기에게는 전분 분해작용이 없으나 장에서 매우 활동적인 전분 소화가 일어난다고 진술했다. 옥수수 글루틴glutin 세포와 같은 식물 세포에 암탉의 소화액은 매우 소량 침투하며 단백질과 전분의 소화는 그가 지칭하는 "원형질 분리 plasmolysis"에 의해 이 세포가 파괴되어야 가능하다.

포저스키[84]의 실험은 희석한 염산으로 생전분을 미리 처리하면 소화가 쉬워진다고 진술하게 만들었다.

로즈붐과 패튼[85,86]은 개들이 다량의 생옥수수 전분을 소화 흡수할 수 있음을 보여주었다. 무게가 약 16 킬로그램인 개에게 생전분을 75 그램까지 먹이고 난 후, 변을 요오드로 시험하면 전분이 전혀 검출되지 않았다. 따라서 모두가 소화되었다고 결론지었다. 생옥수수 전분을 먹인 개를 가지고 포도당 분비를 검사했을 때, 거의 들어간 양만큼 전분이 소화되었음을 발견했다.

화식처럼 맛있지 않다는 것 때문에 생식 섭취가 D-자임을 풍부하게 분비시키지 않음은 여러 가지로 증명된다. 소화에 관계된 내분비선의 분비물들은 윤활과 희석의 목적에도 쓰인다는 사실에 주의를 기울여야 한다. 분비량만으로 소화력이 결정되지 않는다. 말린 음식은 상대적으로 약한 소화액을 다량 불러들인다. 소는 단지 희석시키고 미끄럽게 하기 위해 비활성의 타액을 엄청나게 분비한다. 의사들은 알맞게 익히고 가미하고 양념한 음식이 생야채만의 식사 때보다 소화효소 분비량을 더 늘린다는 점을 인정한다. 소화력이 약한 회복기 환자들에게 전통적으로 후각과 미각을 통해 최대치의 소화액을 만드는 맛있고 입맛을 돋구는 화식이 주어진다.

생식보다 열처리된 음식이 소화관에 훨씬 많은 효소를 쏟아 붓게 하는 것은 버들[87]의 연구에 묘사되어있다. 모유를 먹은 아기와 우유를 먹은 아기가 24시간 동안 배설한 변에는 다량의 트립신과 펩티다제peptidase가 있었다. 모유를 먹은 아기의 트립신 양이 상대적으로 많았고 펩티다제의 양은 우유를 먹은 아기보다 현저하게 낮았다. 나는 이를 저온 살균된 우유가 생우유 보다 D-자임을 더 필요로 하며 따라서 *생식습관이 D-자임의 사용과 배치에 있어서도 더 경제적*인 반면, 화식습관은 D-자임을 더 빨리 소모시키는 것임을 나타내는 것으로 해석할 수 있다.

6 장 췌장의 이상 발달과 화식 습관

"생식에 포함되어 있는 효소는 췌장의 부담을 덜어준다"

생식으로 살아가는 초식동물들의 췌장이 상대적으로 작다는 사실은 날음식을 소화시키는데 있어서 F-자임이 갖는 중요한 역할을 확실히 증명한다. 몸무게가 140파운드인 사람의 췌장이 85 내지 90 그램[88]인데 반해, 85 파운드 나가는 양의 췌장은[89] 단지 18.8 그램[90]이며; 1005파운드의 소는[89] 단지 308 그램[90]이고 1200 파운드의 말은[89] 단지 330 그램[91]이다. 몸무게 대비 %로 계산하면 다음과 같다:

	몸무게(그램)	췌장의 무게(몸무게 대비 %)
양	38,505	0.0490
소	455,265	0.0680
말	543,600	0.0603
낙타[92]	509,400	0.0556
인간	63,420	0.1400

초식동물들이 스스로 분비한 D-자임에만 의존하여 소화한다면, 이 동물들의 타액선이 매우 활동적이어서 소화의 일부를 담당한다는 가정할 수 있어야만 할 것이다. 그러나 반대로, 초식동물의 타액은 상대적으로 말해서 생리학자들이 알고 있는 것처럼 효소가 많지 않고, 단백질과 지방은 차치하고서도 전분 소화에서조차 췌장의 부담을 덜어주지 못한다. 주로 탄수화물을 먹고사는 동물들이 활성이 없는 타액선과 작은 췌장선을 갖고 있다는 것은 마땅히 주목을 받아야 한다. 음식에 자연적으로 존재하는 효소가 동물의 소화 활동을 상당량 덜어주고 있다는 것 이외의 다른 설명은 제시될 수 없다. 분명하게 두드러진 사실은 다음과 같다:

초식동물의 생식은 소화에 참여하는 활동적인 효소를 공급한다. 활동적인 타액선은 필요치 않으며 커다란 췌장도 필요 없다. 반면, *인간이 섭취하*

는 음식에는 F-자임이 크게 부족하여 타액선이 매우 활동적이고, 초식동물과 비교하여 몸무게에 대한 췌장의 무게가 최소 두 배에 이른다.

초식 동물의 긴 창자는 수크스엔테리쿠스*Succus entericus*라는 미생물을 충분히 공급하여 다른 (효소의) 분비를 보상한다. 그러나 창자가 긴 만큼 분비물도 비례해서 늘어나리라는 가정은 옳지 않다. 말과 토끼는 초식동물 치고 창자가 짧고 췌장도 상대적으로 작으므로 이는 분명 사실이 아니다.

이는 *익히지 않은 생식에 있는 효소는 췌장과 타액선이 과도한 부담으로 확장되어야 할 필요를 없애준다*는 사실을 분명히 제시한다. 다량의 익힌 탄수화물을 먹고사는 인간의 췌장과 타액선이 상당히 비대하다는 사실은 신체 기관이 대담하게 그리고 억지로라도 적응한다는 사실을 보여줌과 동시에, 생식에 의해 공급되는 효소가 얼마나 좋은 영향을 미치는가를 증거한다.

관습에 의해 열처리되어 효소가 결핍된 음식으로 살아가는 사람들의 췌장과 타액선이 비대하고 과로하고 있음은 믿기 어렵지 않다. 주로 열처리된 탄수화물을 먹고사는 종족들이 가장 큰 췌장선과 타액선을 갖고 있는 듯하다. 그래서 실슨[93, 94]은 자바의 말레이인의 췌장이 평균 105그램인데 반하여 미국인의 평균 무게는 약 20그램 정도 적음을 보여준다. 미국인이 평균적으로 자바인 보다 20 내지 30 파운드 몸무게가 더 나가는데도 그랬다. 실슨의 관찰에 의하면 서양인들의 다른 기관들이 말레이인보다 더 무거우며 췌장과 타액선만 말레이인들이 더 무거웠다. 그는 말레이인들의 췌장과 타액선이 큰 이유를 탄수화물을 많이 먹는 식습관 탓으로 돌렸다.

폭력과 사고로 죽은 성인 필리핀인들의 기관 무게를 집중적으로 연구한 필리핀 대학교 위생과 공중건강 대학의 드리온과 그의 동료들[95]은 일년여에 걸쳐 768명의 시신을 부검하였다. 실험 대상자들이 비교적 건강했다는 점에서 이는 색다른 연구였다. 잭슨[96]이 제시한 서양인의 주요 기관과 필리핀인들의 기관들을 조사하여, 드리온과 동료들은 실슨의 관찰을 확증할 수 있었다. 그들은 유럽인과 미국인들의 내장 기관들이 필리핀인들의 같은 기관보다 모두 더 무거우나 췌장만은 필리핀인들이 더 무겁다는 것을 발견했다. 타액선은 연구되지 않았다. 필리핀인들의 수치는 다음과 같다:

사례	성	췌장 무게 (그램)	체중 (파운드)	몸무게에 대한 췌장의 %
121	남성	105.9	106	0.22
39	여성	86.2	90	0.21

미국인의 췌장 무게를 집중적으로 연구한 기록은 메이어 재단과 미네소타 대학의 쉐퍼[97]의 것이 유일하다. 이 연구는 폭력과 사고에 의해 죽은 사람들로 제한되어 있기는 하지만 쉐퍼는 이것이 췌장의 정상 무게를 표시한다고 믿었다. 어떤 기관도 심한 병리학적 변화가 없었기 때문이다. 개인적으로 수집한 216가지 사례에 근거한 수치는 다음과 같다:

남성	90.31 그램	편차는 15.08
여성	84.88 그램	편차는 14.95

미국인의 평균 체중을 보수적으로 계산하여 성인 필리핀인의 평균 체중보다 20 내지 40 파운드 더 나간다고 가정하면, 다음의 계산이 나온다:

체중 (파운드)	췌장 무게(그램) (남녀의 평균)	췌장 무게 (체중에 대한 %)
120	87.6	0.16
130	87.6	0.15
140	87.6	0.14

계속되는 자료를 보면 필리핀인들과 말레이인들의 췌장이 상대적으로나 절대적으로나 서양인들보다 약 25내지 50% 정도 더 무겁다는 중요한 사실을 알 수 있다. 필리핀인들은 익힌 쌀이 주식이며 하루 세 번 이를 먹는다는 것을 기억할 때, 여분의 췌장이 필요한 이유가 이해될 것이다. 미국인의 음식은 탄수화물이 적고 단백질이 더 많아서, 열에 의해 음식이 본성을 잃은 정도가 필리핀인들의 경우보다 덜하다고 할 수는 없지만, 소화의 일부를 위장이 부담하게 된다. 열처리된 탄수화물 음식을 많이 먹는 인종들 사이에 유난히 비대한 췌장이 많은 이유는 이렇게 설명될 수 있을 것이다.

미크릭씨 병Mikulicz's disease은 췌장 기능이 상실됨에 따라 이하선이 비대해진 것이라고 생각된다. 존[98]은 만성적 이하선 확장의 4가지 사례를 보고했는데 모두가 약한 당뇨와 비만 증상이 있었다.

플라움[99, 100]은 미크릭씨 병의 27사례를 조사하고 당뇨 환자에게서 빈번히 일어난다고 주장하였다. 보통의 식사를 하는 16사례에서는 다소간의 당뇨가 있었다. 당뇨가 없는 11사례에서는 설탕 내성 시험을 하였을 때 설탕 내성이 없었다.

글레이저와 바네[101]는 타액 분비가 췌장활동을 보완하는지를 관찰함으로써 당뇨병의 사례에서 관찰된 타액선의 비대를 설명했다. 타액선을 화학적으로 분석했지만 인슐린을 찾아내는데는 실패했다.

미크릭씨 병의 증상에 대하여는 샤바와 도브레프가 더 많은 사례를 보고하였다. 타액선이 인슐린 같은 내분비물을 공급할 수 있음을 보여주려는 많은 실험들이 실패했기 때문에 미크릭씨 병에서 나타나는 현상은 탄수화물 대사의 짐을 일부 대신 맡은 타액 속의 효소들의 과잉생산으로 해석될 수 있다.

열에 의하여 변성되고 효소가 결핍된 음식은 효소 분비 기관에 비정상적인 긴장을 초래한다. 나는 그런 음식을 사용하여 동물들에게 있어서 췌장과 다른 기관들의 무게가 변하게 하는 실험을 반복해서 할 수 있었다. 미네소타 대학 해부학과의 잭슨[102]은 80%가 익힌 탄수화물이고 소금과 비타민이 적절하게 균형 잡힌 음식을 약 155일 간에 걸쳐 먹인 쥐의 기관들의 무게가 변한 것을 통계적으로 보여주었다. 췌장과 턱밑샘의 무게가 20 내지 30% 증가되었다. 뇌하수체와 부신의 무게는 감소했다. 기관들은 동일한 기술로 주의 깊게 분리해서 무게를 쟀다.

더 많은 D-자임의 필요성 때문에 용량을 늘리는 것이 아니라면 익힌 탄수화물 음식이 왜 췌장과 타액선을 확장시키는가 하는 문제가 제기된다. 이는 탄수화물과 단백질을 모두 포함하는 음식에 비해서 익힌 탄수화물 음식의 경우 췌장이 더 많은 효소를 공급하게 한다는 피할 수 없는 결론에 이르게 한다. 음식을 통하여 자연스럽게 공급되는 효소의 위상을 평가하기 위해 다음을 기억할 필요가 있다. 즉 불에 익혀서 효소가 결핍된 탄수화물 음식은 사람과 실험동물의 췌장을 비대하게 하고, 익히지 않은 탄수화물 음식은 효소를 포함하고 있어서 상대적으로 작은 췌장을 갖게 하고 초식동물의 타액선을 활성화시키지 않는다. 얼른 생각해 보면 췌장의 비대 현상은 바람직해 보인다. 그러나 항상 과도한 기능의 비대 현상은 결국에는 고갈에 의한 기능위축을 가져오는 경향이 있다. 췌장의 위축은 많은 말기의 소모성 질환에서 발생한다. 비타민 결핍증 실험에서는 항상 췌장이 비대해지다가 말기에는 위축이 뒤따른다. 게다가 록펠러 의학 실험 연구소의 브라운, 피어스, 그리고 밴 앨런[103, 104, 105]은 모든 다른 기관의 무게가 변하지 않고 한 기관의 무게만 변하는 것은 불가능하다는 것을 증명했다. 호르몬, 효소 그리고 비타민들의 상호작용을 고려해 볼 때 이것이 특이하다고 볼 필요는 없다. 해부학적 변화에 이르도록 하는 만큼 신체기능에 광범위한 영향을 미치는 것은 증상 진전의 전조로 간주되어야 한다.

이런 상황에서 이제껏 밝혀진 사실들을 보고, 과학 발전에 관심 있는 모든 사람들은 F-자임이 인간의 건강에 미치는 영향이 충분히 알려질 수 있도록 이 원리를 적용하고 알리는데 성실하게 노력하여야 할 것이다.

7 장 병자의 체액에 담겨있는 효소 함유량

"인체내 효소는 질병을 치유하는데 사용한다"

음식에 자연적으로 존재하는 효소들은 인간의 건강에 필요치 않고 분비된 소화액이 모든 음식을 소화시키기에 충분한 효소를 포함하고 있다고 주장할 수 있을지도 모른다. 그런 말이 사실에 근거하고 있다는 어떤 증거가 있는가? 중요한 문제는 분비된 소화액에 한 끼 또는 어느 일정 기간 동안을 위해 충분한 효소가 포함되어 있느냐가 아니고, 익힌 음식의 과도한 자극에 대한 반응으로 소화기관에 엄청난 양의 효소가 쏟아 부어질 때 발생되는 매일 매일의 해악과 *상당 기간 장수하고 양호한 건강을 유지*하는 것이 양립될 수 있느냐 하는 것이다.

타액은 그 자체로 효율적이며 F-자임에 의존적이 아니라는 말은 유보적이기는 하지만 사실이다. 예를들어, *호주머니에 일주일 분 봉급을 넣고 있는 취객이 하루동안은 부유하고 유능해 보일 수 있다는 것이다*. 최근 우리는 다수의 나라들이 어떻게 미래의 자원을 담보로 부유하게 보이고 있는지를 목도하고 있다. 건강 관리에 관심 있는 사람들이 직면하는 문제는 타액과 소화액이 모든 음식을 소화할 능력이 있는가의 여부가 아니라, 소화액이 보조 수단 없이 오랜 기간동안 이 일을 할 수 있도록 하는 *최상의 건강*과 *장수*를 누릴 수 있겠느냐 하는 문제이다.

내가 앞으로 입증하고 충분한 증거를 제시하겠지만, 효소 생산 능력, 또는 한 개체의 효소 *보유량*은 특정 *범위* 안에 제한되어 있다. 신진대사의 속도는 관련된 효소의 양에 의해 결정된다. 조직 안에서 대사적 교환이 많을수록 참여하는 효소의 수가 많아지고 따라서 분비되어 없어지는 양도 많아진다.

델후뉴[106]는 20명의 정상인의 피에 있는 카타라제, 프로테아제, 페록시다제, 에스터라제 esterase를 조사하여 이들이 신체적인 일의 영향에 따라 현저히 증가하는 것을 발견했다. 거너[107]는 28 가지의 서로 다른 심한 염증을 앓고 있는 환자 115명의 소변과 피에 있는 아밀라제 3,000건을 측정했다. 소변의 아밀라제는 검사한 사례의 73%가 증가했고, 혈액 중의 아밀라제는 38%에서 증가했다.

크리버그[108]는 몇몇 심한 열병 환자의 소변에서 아밀라제 배출이 235명에게서 얻은 정상치에 비해 증가되었음을 발견했다. 파벨과 그의 동료들[109]은 폐렴 환자 18명의 소변과 피에서 아밀라제 양이 증가된 것을 보았다. 피와 소변의 아밀라제 함량이 비례적으로 변하고 있었다. 토마슨[110]은 심한 충수염 환자의 소변에 아밀라제 배출이 늘어난 것을 관찰했다.

파이퍼[111]에 따르면 부전마비不全痲痺 paresis에 걸리면 혈청의 펩티다제 양은 정상이다. 부전마비 환자가 말라리아에 감염되면 혈청 펩티다제 값은 이전보다 10배 내지 20배 늘어난다. 단독丹毒 erysipelas이나 심한 폐결핵 같은 다른 열병에서도 혈청의 펩타이드 분해지수가 증가된다. 혈청의 펩티다제는 열이 있으면 상승한다.

솔로프쪼바[112]는 재발성 열병의 경우 소변에 있는 단백질 분해 효소들의 비율이 위독할 때 일반적으로 증가함을 발견했다. 소변에 있는 아미노산의 양은 처음부터 점차적으로 증가하여 위독할 때 갑자기 더 크게 증가한다. 리파아제도 위독할 때까지 일반적으로 증가된다. 솔로프쪼바에 의하면, 인간의 염증 질환에서 호전과 악화을 결정짓는 가장 중요한 원인은 한 개체의 효소들과 그 효소들과 감염원 사이의 친화력간의 상관관계 조건이다.

스피넬리[113]는 맥주 효모가 분해된 산물을 주사하여 모르모트에게 고열을 일으켰다. 열이 최고조에 이르자 동물을 죽여서 여러 조직에서의 메타디나이트로벤젠 *m*-dinitrobenzene의 감소시간을 측정하였다. 고열이 있는 동물에서 감소력이 증가되었고, 이는 디하이드로게나제dehydrogenase가 증가되었음을 나타낸다. 옥시다제를 검사해도 유사한 증가가 발견된다.

프로리히와 뉴만[114]은 정상 폐와 신장에서 분리한 인간 기층 substratum을 사용하여 결핵 환자와 결핵 환자가 아닌 사람들로부터 얻은 54 혈청으로 단백질 분해를 검사하였다. 허파에 있어서 5.0%의 단백질 분해가 정상이었고, 신장에서는 2.7%가 정상이었다. 폐결핵의 경우에는 단백질 분해가 21%에서 0.0%에 이르기까지 다양했다. 체중이 늘고 열이 없는 경우 수치가 낮았고 체중이 줄고 열이 높으면 수치가 높았다. 폐렴, 폐경화, 그리고 다른 폐렴이 아닌 폐 질환은 혈청의 프로테아제protease 함량이 증가되었다. 프로리히와 뉴만에 따르면, 이런 질병들에서 혈청의 프로테아제 함유량은 관련된 기관의 방어 수단이다.

독일 에센의 시립 아동 병원의 하르드트[115]는 배출된 소변 속의 아밀라제를 계속해서 주의 깊게 검사하였는데 어린아이에게서의 높은 수치는 고열의 특징임을 발견했다. 그[116]는 임신과 폐렴에서도 소변의 아밀라제 값이 높음을 발견했다. 바하와 러스티그[117]의 발견에 따르면 심한 열병을 앓은 시체의 혈청은 지방 분해 활성의 현저한 증가를 보여준다.

마[118]는 염증 질환이나 열이 있는 어린아이의 혈청과 소변의 펩티다제 함량이 증가되는 것을 발견했다. 피와 소변의 펩티다제 함량은 보미그[119]의 연구에서 각 열병마다 특정한 곡선을 가지고 있었다. 폐렴에서 펩티다제는 위독한 상태에서 갑자기 오르고 즉각 정상으로 떨어지면서 소변으로의 분비가 동반되었다.

열에 의하거나, 심장 운동이 늘어나거나, 음식 섭취가 증가되거나, 근육 운동 때문에, 또는 임신 등으로 신진대사 활동이 늘어나면, 피에 있는 효소량은 늘어나고 늘어난 효소는 소변으로 배출된다. 열이 있는 경우 위의 보고에서 보듯 신진대사가 촉진되고 효소 활성도 유사하게 늘어난다. 모든 효소의 주된 특징 중의 하나로서 체온이 오르면서 가속화되는 활성은 유의할 만하다. 달리 말하면, 생체 내에서건 시험관에서건 간에 효소는 정상 체온보다 높은 40도씨라는 고열에서 더 활동적이고 더 많은 일을 한다는 점이다. 신체 안에서 이러한 연관이 더 정확히 나타난다. *열이 오르는 데 대한 효소의 반응은 박테리아나 다른 침입자에 대한 몸의 방어에서 가장 주된 역할을 한다는 증거가 많이 있다.* 이 점을 염두에 두고, 솔라로리[120]는 실험적으로 유발한 고열과 사람이 열났을 때, 혈액의 카타라제catalase 활성이 열이 오르는 동안에는 증가하다가 열이 떨어지면 급격히 줄어드는 것을 발견했다.

그러나 정상 체온에서는 카타라제의 혈중 함량이 신진대사의 정도와 상관관계를 보여주었다[121]. 추위(겨울)에 노출되면 냉혈동물의 신진대사가 줄어들고 솔잎의 신진대사도 줄어든다[122]; 카타라제의 양은 두 경우 다 비례하여 줄었다. 반면 여름의 온도에서는 신진대사와 카타라제의 양에서 반대 결과를 가져왔다. 벌지[122]가 측정한 바에 의하면, 온혈동물의 경우 추울 때 신진대사와 혈액 카타라제의 양이 모두 증가되었고, 여름에는 감소됨을 보여준다. 비아레[123]는 정상 체온에서 온도가 떨어지면 혈 중의 카타라제 양이 증가하는 것을 발견했다.

일리노이 대학의 벌지와 레이슨린[124a], 벌지와 네일[124]의 연구에 따르면, 음식 섭취 후의 빨라진 신진대사와 산화는 혈중의 카타라제 양의 증가와 연관이 있다. 이 연구자들은 음식 특히 고기나 지방처럼 고 칼로리 음식을 흡수한 후 일어나는 산화는 소화선, 특히 간의 자극에 의해 생긴 카타라제가 증가한 탓이라고 믿고 있다. 굶었을 때는 혈중의 카타라제가 감소된다.

종자의 발아와 관련한 작용이 가속되는 동안 여러 가지 효소의 양이 현저하게 늘어나는 것은 잘 알려져 있다. 스톡홀름 대학 생화학 연구소의 페트[125]는 휴면기의 밀 종자와 발아하고 있는 밀 종자의 다이펩티다제, 프로테아제, 그리고 리파아제의 양을 측정하여 이 효소들이 발아한 후 증가함을 관찰했다.

토론토 대학 생화학과의 웨이스티니즈는 콩[126], 감자, 레디시 그리고 밀에 있어서 휴면기, 발아기, 성숙기에 각각 포스파타제phosphatase의 활성을 측정하였다. 활동이 가장 활발한 발아기에 포스파타제의 양이 가장 많았다. 성숙기에 효소 활동은 떨어졌다.

스완슨[127]은 발아한 통밀, 발아한 배胚의 끝, 발아한 밀 수염 끝의 아밀라제 활동을 비교하여 모든 부분의 활동이 휴면기의 것과 비교하여 많이 증가한 것을 발견했다. 밀과 보리의 발아 때 신진대사가 증가되고 이에 관련된 아밀라제 활동이 늘어남을 확인시켜주는 연구들이 많이 있다. 요노[128]는 6가지 일반 식물의 씨와 묘종에 대해서 아밀라제, 말타아제, 펩신, 트립신, 에렙신erepsin, 리파아제, 우레아제urease, 카타라제, 그리고 뉴크레아제nuclease를 조사했다. 씨에 효소들이 있었고 그들의 활동은 보통 발아하거나 묘종 상태에서 증가하였다.

버세시[129]는 임신으로 인하여 신진대사가 증가하는 동안 혈액과 소변의 아밀라제 양이 꾸준히 증가됨을 관찰했다. 가쭈[130]는 해산하는 여인의 혈청에 많은 카타라제가 포함되어 있음을 발견했다.

암몬과 슈트[131]는 암탉의 알에서 에스터라제, 트리부티리나제tributyrinase, 콜린에스터라제cholinesterase, 그리고 메틸부티라제methylbutyrase를 분리하여 이 효소들이 부화기간 중 첫 5일 동안 양적인 변화가 거의 없다가 그 이후 양이 급격히 증가됨을 발견했다. 다이펩티다제도 비슷하게 측정되었다.

쾨브너[132]는 사람과 동물의 타액에 리파아제가 함유되어 있는 것을 발견했다. 20명의 임신부를 조사하여 해산때까지 타액의 리파아제가 증가되고 수유기간 중에도 정상보다 높은 값을 유지하는 것을 관찰하였다.

힐레만과 코트니[133]는 뉴욕에서 생산한 우유에 있는 리파아제 양이 유월이나 칠월에 최소치이며 십이월이나 일월에 최고치를 기록하는데, 리파아제 분비를 조절하는 요인 중 하나는 수유기간으로 수유시기가 다가오면서 양이 늘어난다고 진술한다.

많은 연구자들[134, 135, 130, 136]이 초유에 아밀라제와 카타라제가 많이 포함되어 있고 해산 후 급격히 감소한다고 보고한다.

앞으로 계속해서 탄수화물, 지방 그리고 단백질은 관련된 효소의 분비를 자극한다는 증거가 제시될 것이다. 흡수된 음식의 일부가 그 자체의 효소에 의해 소화된다면, 특정 효소의 분비에 대한 자극은 따라서 줄어들게 되고, 그 결과 더 적은 양이 분비되어 더 많은 양이 조직에 남아있게 된다. 달리 말하면, 전분은 아밀라제 분비를 자극하고 단백질은 프로테아제를 지방은 리파아제를 분비하게 한다. 특정량, 예를 들어 5, 10, 또는 20%의 전분, 단백질, 또는 지방이 F-자임에 의해 소화되어 더 이상의 소화가 필요 없고 따라서 소화액의 분비도 자극하지 않으면, 소화를 돕는 F-자임이 없을 때 필요하기 마련인, 조직에 있던 효소의 5, 10, 또는 20%를 사용하지 않아도 된다. 따라서 *F-자임이 가능한 한 소화를 많이 담당하여 조직에 효소를 많이 저장하게* 하는 것이 매우 바람직하다고 말할 수 있다. 음식이 조리되어 효소가 부족한 채로 제공되면 다른 적절한 대체 효소가 준비된다는 일련의 증거들이 있다.

8 장 외부에서 공급된 효소의 영양학적 역할

"생식에 포함된 효소는 몸에서 분비되는 효소보다 먼저 작용한다"

앞에서 열거된 사실들을 보면 완전한 건강과 합리적인 수명이 보장되기 위해서는 F-자임이 정상적으로 필요한 것이라는 것을 인정하게 될 것으로 믿는다. 그러나 F-자임이 양호한 건강을 위해 필수적이지 않다고 주장할 수도 있다; 소화 내분비선들이 필요한 모든 소화액을 만들어내며 체내의 조직들은 신진대사에 필요한 효소들을 생산할 수 있다는 것이다. 그러나 간단한 사실들은 그 이론을 유지할 수 없게 만들며, 나는 그 같은 주장이 옳지 않음을 증명하고자 한다.

우선, 모든 사람들은 실제로 매일 F-자임을 섭취한다. 소량의 생식은 거의 누구나 하고 있다. 조금씩 다르긴 하겠지만, 보통의 모든 사람 안에서 F-자임이 상당량의 일을 하고 있음을 부인할 수 없다. 모든 효소가 극히 활동적인 물질이어서 온도와 습도가 적절하기만 하면 되기 때문에, 소화 효소가 다량으로 분비되어 음식과 섞이기 전에 F-자임이 활성화되어서 미리 소화를 수행한다는 가정은 합리적이다. 이 점은 불활성 타액선을 갖고 있는 초식동물과 닭, 비둘기 등에서 편리하게 증명될 수 있다. 둘째로, 음식, 물, 그리고 공기와 함께 삼킨 박테리아가 효소를 함유하고 있다. 흡수된 양이나 마침내 장에서 알맞은 거처를 찾은 박테리아의 양이 얼마 되지 않더라도 몇 시간 내로 따뜻하고 축축한 장에서 늘어나는 숫자는 어마어마하다. 대변의 상당량이 박테리아의 시체로 구성되어 있다고 노스웨스턴 대학의 켄달[137]은 진술한다. 숙주의 음식을 양분으로 사용하는 이 무수한 박테리아에 의해 생산된 효소의 양은 상당하고, 그들은 숙주의 선별적인 처분에 따라 위치가 결정된다. 박테리아가 효율적이며 크게 증식하는 효소 생산자임을 부인할 수 없다. 극히 활성이 높은 박테리아 효소가 산업에서 정상적으로 사용되고 있다. 정기적으로 일어나는 장의 연동 운동의 역전이 아마도 하나의 정상적인 조건이라는 것이 정립된 이래로 박테리아의 작용이 주로 대장에서 일어난다는 사실은 더 이상 충격적이지는 않다.

따라서 *사람이 부수적인 효소의 도움 없이도 흡족하게 살 수 있다는 의견은 타당치 않다.* 그러나 박테리아에서 공급되는 효소에 의존하고 있다는 것은 타당성이 의문에 부쳐져 있고, 효소가 결핍된 유기체가 박테리아 효소들로 부자연스럽게 충당되는 것은 박테리아성 질병에 걸리게 될 위험성이 있다는 것을 지지하는 증거를 나는 가지고 있다.

따라서 상기의 사실로부터 사람은 부수적인 효소를 정규적으로 공급받고 있다고 결론 내려져야 할지도 모른다. 그러나 동물은 어떤가? 동물들은 효소가 없이도 건강을 잘 유지하며 살 수 있는가? 개 통조림을 생산하는 스위프트 회사는 지난 5년간 개를 가지고 대량의 먹이 실험을 했다. 통조림과 물만 먹인 개들도 출산력, 식욕, 털 상태 등 일반적인 건강 상태가 손상되지 않았다고 보고되었다. 열로 살균했기 때문에 효소가 없는 음식인 통조림 이외에 어떤 음식도 먹지 않았으므로 동물은 부수적으로 효소를 공급받지 않아도 된다고 결론 내릴 수 있다. 그러나 그런 결론을 내리기 전에 그 문제에 속하는 모든 사실을 분석해야 한다.

온도가 알맞으면, 공기 중에 있는 박테리아, 곰팡이, 효모 등은 우유나 포도 주스 같은 여러 가지 액체에서 커다란 변화를 일으킨다. 실험실에서 경험하듯 이 하등 생물체는 급격하게 번식하는 경향이 있다. 개만 공기에서 직접 박테리아, 곰팡이, 효모 등을 무제한으로 받는 것이 아니라 먹이통에서 축축해진 음식도 이런 것들이 쌓여 적합한 배지가 된다. 먹어서 장으로 들어가면 이 음식들은 분비된 효소와 경쟁하는 풍부한 박테리아의 공격을 받게되는데 결과적으로 개는 실제적으로 적지 않은 부수적인 효소들의 공급을 받게 되는 것이다. 장내에 박테리아가 많이 증식하여 부수적인 효소들을 상당량 제공한다는 것은 노스웨스턴 대학의 켄달[137]의 조사에서도 추측할 수 있다. 그는 대변의 질소 중 50% 정도는 죽은 박테리아의 시체가 포함되어 있다고 결론지었다. 그러나 잡지에 널리 광고되고 있는 스위프트사의 이 실험이 동물들이 부수적인 효소들의 도움 없이 건강을 유지한다는 의미를 확증하는 것으로 해석될 수는 없다. 더구나 제일 나이 든 동물이라 할지라도 아직 중년을 지나지 않았으며, 정제되었지만 균형 잡힌 음식을 공급받은 쥐보다 후반부의 삶을 더 잘 살게 될지를 살펴보아야 한다. 아직 논문으로 출판되지 않았고 또 그것과 관련된 중요한 정보들을 얻을 수도 없기 때문에, 이 실험이 화식의 충분함에 대한 준거가 될 수 있다는 것은 의심스럽다. 이 특정의 음식은 조리하고 살균하는 과정에서 없어진 양만큼의 비타민 A, B, D 그리고 G가 보충되어 있다.

보통의 실험에서 부수적인 세균성 효소의 영향을 완전히 배제하는 것은 불가능하므로, 정상적인 영양과 신진대사에서 F-자임의 위상을 평가하기 위해서는 무균 상태의 비타민을 첨가한 살균한 음식만 주고 살균한 물만 마시고 살균한 공기에서만 숨쉬도록 한 상황에서 키워진 동물의 건강상태를 아는 것이 매우 중요하다. 바로 그와 같은 실험이 노트르담 대학 세균학 실험실에서 지난 12년 간 진행되어 2,000 마리 이상의 모르모트, 병아리, 쥐, 생쥐, 토끼, 고양이, 곤충들이 엄격한 무균 상태에서 키워졌다. 레이니어 박사는 이 기술이 좀더 쉽게 진행되도록 하는 특정 도구를 고안했다. 실험의 원래 목적은 세균학자들이 사용할 무균 실험동물을 만들어 내려는 것이었다. 동물들은 내장기관이 무균인 상황에서 제왕절개로 분만되어졌다. 그들은 무균 공기만 호흡하고 무균 음식과 물만 먹고 마시게 했다.

매일 매일 접근 가능한 신체의 모든 구멍에서 세균검사가 행해졌다. 탄생 직후, 한 배 새끼 중 하나를 잡아서 그 몸을 갈아 수지로 만들었다. 이 수지의 적당량은 22종의 다른 배지에서 배양되었다. 동물이 살아 있는 동안 내장기관의 무균성은 자주 검사하여 확인되었다. 레이니어의 무균 동물들은 종종 비정상적인 크기까지 자라며 건강한 것은 거의 없다. 그들의 소화관은 "미묘하다"고 기록되어 있으며, 균들이 줄 수 있는 어떤 것이 부족함이 분명하다. 개인적 대화에서, 레이니어 박사는 무균 동물들이 전반적으로 정상적으로 키운 동물보다 전염병에 걸릴 가능성이 더 높고 고유의 질환들이 많이 나타난다고 말했다. 그는 사용된 모든 음식은 20분 내지 1시간 동안 121도씨에서 가열했다고 말했다. 무균농축물無菌濃縮物을 사용하여 비타민 손실을 보충했다. 이런 상황에서 동물들은 모든 부수적 효소들만이 결핍된 상태이다. *따라서 무균 동물들의 증상은 비타민 결핍 탓으로만 돌릴 수 없는데*, 그런 단점을 보완하기 위해 특별히 돌보았기 때문이다. 더구나 그들이 정상보다 크게 자라는 경향이 있다는 사실은 비타민 철학의 교리를 완성하는 것 내지는 비타민이 충분한 것을 긍정적으로 평가하는 것을 넘어서는 것처럼 보인다.

따라서 실험의 조건이 어떤 부수적인 효소들이 장에 도달할 가능성을 배제하는 것일 때, 동물의 건강이 손상된다는 것이 분명하다. 이는 *F-자임이* 정상적인 건강과 적정의 수명에 *필수불가결 하다*는 것을 강하게 암시한다.

박테리아가 효소 제조의 주체로서가 아닌 다른 방법으로 숙주의 건강에 좋은 영향을 미칠 가능성이 있다. 그러나 갓 부화된 병아리의 내장과 어린 동물과 사람의 내장과 변이, 태어날 때 무균임을 고려한다면 이러한 가능성은 희박하다. 북극곰, 물개, 순록, 물오리, 펭귄의 내장은 레빈[138]에 의해 북극지역에 사는 동안 무균 상태라고 지적되었으므로 더구나 받아들이기 어렵다. 그러나 카슨-화이트[139]는 똑같은 동물과 새들을 온난한 기후로 데려왔을 때 그들이 세균을 급격히 획득하는 걸 보았다. 북극에 사는 포유류와 조류가 그들의 자연적인, 익히지 않은 음식을 먹으며 불리한 환경상태에서 장에 세균이 없이 정상적으로 살 수 있다는 사실은 세균도 없는 상황에서 효소 없는 음식을 먹으며 사는 실험실 동물들의 건강이 손상된다는 사실과 짝을 이루어, 열처리된 음식을 먹고사는 숙주에게 세균이 필수 불가결한 것은 주로 부수적인 세균성 효소의 유산이라는 것을 실질적으로 확증한다.

자연적 분량의 F-자임을 포함하는 음식을 먹으며, 장 속의 세균이 없이 북극 지방의 서식 동물들이 정상적인 건강을 유지하고, 그리고 장에 세균이 전혀 없는 실험동물들이 효소가 없는 음식으로 좋은 건강을 유지할 수 없었으므로, 두 집단 사이의 건강 기준에서 유일한 차이는 한 집단의 음식에는 *F-자임이 있고* 다른 집단에는 없다는 것뿐이라는 결론을 반박할 수 없게 된다.

9 장 동물의 혈청과 소변 속의 효소들

"장기간에 걸친 화식은 인체 내 효소를 상당히 고갈시킨다"

토론에서 많이 문제되는 사실은 인간 혈청의 아밀라제 함량이 가축에 비해 상대적으로 낮다는 것이다.

라이드와 마이어스[140]는 당분 치환법을 사용하여 다음과 같은 혈청 아밀라제 평균값을 얻었다:

사람	16
토끼	30
개	175

슐레진거[141]는 볼게머뜨 방법을 써서 다음의 상대적 평균에 이르렀다:

인간	15(10 내지 20)
토끼	29 (25 내지 33)
소	39 (38 내지 40)
개	210 (170 내지 250)

뫼켁과 로스트[142]는 당분 치환법을 써서 인간의 혈청 아밀라제 함량의 수치를 동물 중 제일 낮게 측정했다.

	피	소변
인간	6	40
토끼	9	45
양	11	12
염소	14	?
소	17	?
고양이	44	30
모르모트	45	54
개	80	36
돼지	103	55
쥐	?	65

시카고 대학의 킹[143]의 연구는 소변에 함유된 아밀라제 양이(볼게머뜨 방법) 인간에게서 제일 높음을 밝혔다. 그러나 불행히도 인간 혈청에 대한 수치가 없다.

	피	소변
인간	?	1.53
염소	0.53	0.013
토끼	2.50	1.05
개	6.20	0.12
돼지	6.60	1.46
고양이	6.80	0.33
마못	18.00	9.00
너구리	20.00	0.34

팔레모에 있는 생물학적 화학 연구소의 로모나코[144]는 당분 치환법을 써서 다른 종의 아밀라제 값을 다음과 같이 설정했다:

	피	소변
소	7.1	3.1
토끼	8.2	9.0
닭	9.8	?
개	18.8	6.2
돼지	31.4	6.0

볼게머뜨[145]는 그의 이름으로 표현되는 방법으로 혈액 중의 아밀라제를 집중적으로 연구하여 다음과 같은 평균치를 얻었다:

소	22
염소	32
토끼	55
개	250
모르모트	521

앞에서 연구한 수치들을 보면 인간 혈청의 아밀라제 함량이 조사한 어

느 동물보다 낮음을 알 수 있다. 이 발견에서 드러난 또 하나 중요한 점은 인간의 소변으로 잃어버리는 아밀라제 양이 인간 혈청에 존재하는 양과 비교하여 비율이 전혀 안 맞는 것이다. 혈액에 있는 양은 비율에 맞지 않게 낮은 반면, 인간 소변의 아밀라제 농도는 동물의 소변의 것과 대략 비슷하다. 이러한 *분명한 모순에 대한 설명은 인간만이 유일하게 조리와 저온살균의 파괴적 영향을 집중적으로 입은 음식을 먹는다는 사실에 있음*에 분명하다. 그러므로 압도적으로 많은 분량의 효소가 파괴되어 신체가 이 효소들을 받지 못하게 되고 그 결과 생리적인 양보다 더 많은 양이 조직으로부터 분비될 필요가 생겼다. 더 많은 것들이 분비되므로 더 많은 양이 낭비되어 소변에 버려지는 것이다. 이 증거가 이전에 인용했던 귀중한 증거들과 잘 어울리므로 다른 설명을 찾을 이유가 없다고 본다.

10장 외인성 효소와 내인성 효소의 최적 산도

인체 조직내의 효소와 음식에 있는 효소 사이에 근본적으로 다른 특징은 없다. F-자임의 활성에 최적인 산도는 효소의 유형과 검사에 사용된 기질의 유형에 따라 범위가 넓다. 마찬가지로 동물의 체내에 존재하는 효소도 작용 범위가 넓다. 음식에서 흡수된 효소가 체내 조직의 정확한 요구에 적응하지 못하리라고 가정할 이유가 없다. 동물의 신체조직이 야채의 효소나 다른 F-자임을 동물 효소로 전환(전환이 필요하다면)하는 것이 식물성 단백질을 동물성 단백질로, 식물성 전분을 동물성 글리코겐으로 전환하는 것보다 더 어려울 이유는 없다.

효소의 최적 산도의 특징은 신체의 화학적 성질에 의해 조정될 수 있다고 어떤 실험적 관찰에서 제안되었다. 놀뜨롭[147]의 실험은 효소의 어떤 특징을 다양한 수소 이온 농도(즉 다양한 산도)를 갖는 용액에 두어서 변화시키는 메카니즘에 서광을 비쳤다. 윌스타터[148]는 효소의 최적 산도 특징이 어떻게 조정되는지를 기술했다: "강한 염산 또는 더 강한 산도는, 산성 배지에 있는 펩신과 같이, 아주까리 열매 리파아제의 성질에 현저한 변화를 일으킨다. 그러한 처리를 한 후에 그 리파아제는 발아하는 콩의 리파아제와 속성이 일치한다. 휴면기의 콩 리파아제와 발아하는 콩의 리파아제는 완전히 다른 효소처럼 행동한다. 전자는 산성 배지에서 활동하고 후자는 중성에서 활동한다."

효소의 최적 산도는 온도에 따라 달라짐이 확실하다. 예를 들어, 콤프톤[149]은 47도씨의 말타아제는 산도pH 7.2에서 최상의 기능을 발휘하는 반면 35.5도씨에서는 산도 3.0에서 최고의 활성을 보여줌을 알아냈다. 이런 면에 대한 데이터가 다음 페이지에서 더 많이 나올 것이다. 다음 표는 내인성, 외인성 효소들의 특징이 유사함을 보여준다.

동물기관의 내인성 효소의 최적 산도(pH)		외인성 효소의 최적 산도(pH)	
아밀라제, 인간의 타액	[150] 6.0	아밀라제, 보리맥아	[152] 4.4
아밀라제, 소의 타액	[151] 6.5-6.6	아밀라제, 감자	[153] 6.7
아밀라제, 말의 타액	[151] 6.2	아밀라제, 양배추	[154] 6.0
아밀라제, 췌장	[152] 7.0	아밀라제, 당근	[154] 6.0
		아밀라제, 흰 순무	[154] 6.0
		아밀라제, Asper.oryzae	[152] 4.8
		아밀라제, 보리	[155] 4.5-4.7
		아밀라제, 밀	[156] 4.6
		아밀라제, 쌀 맥아	[157] 4.6
		아밀라제, 옥수수	[158] 5.0
		아밀라제, 고구마	[159] 5.5-6.0
		아밀라제, 바나나	[160] 6.4
		아밀라제, 꿀	[161] 5.3
		아밀라제, 소 우유	[162] 6.3-6.7
프로테아제, 췌장	[163-4-5] 5.5-8.3	프로테아제, 메주콩	[173] 4-8
프로테아제, 위	[166-7] 1.2-1.8	프로테아제, 효모	[174] 4-4.5
프로테아제, 장	[168] 7.7	프로테아제, 효모	[175] 6.8-8.5
프로테아제, 인간 타액	[169] 8.0	프로테아제, 파파야	[176] 5.0
프로테아제, 림프선	[170] 4.0	프로테아제, *Asper.oryzae*	[177] 5.1
프로테아제, 백혈구	[171] 4.0	프로테아제, 밀 맥아	[178] 4.1
프로테아제, 비장, 간, 신장	[172] 4.5		
리파아제, 인간 타액	[179] 7.0	리파아제, *Asper.flavus*	[187] 5.0
리파아제, 인간 타액	[180] 7.5-7.7	리파아제, 밀	[188] 7.3-8.2
리파아제, 개의타액	[181] 7.6-7.8	리파아제, takadiastase	[189] 8.6
리파아제, 자라 타	[182] 8.2	리파아제, 아주까리	[190] 4.7-5.6
리파아제, 췌장	[183] 8.3-8.9		
리파아제, 혈청	[183] 8.0		
리파아제, 위장	[184] 6.0		
리파아제, 편도선	[185] 7.8-8.4		
리파아제, 간	[186] 6.7-8.2		
카탈라제, 간	[191] 7.0	카탈라제, 야채	[154] 7-10
카탈라제, 백혈구	[192] 7.0	카탈라제, 보리맥아	(193] 7-8

기관들과 조직들은 최고의 활성을 나타내기 위한 두 가지의 최적조건을 드러내고 있다. 가장 왕성한 단백질 분해는 산도 4~5에서 일어나지만 산도 7~8에서도 작지만 단백질 분해가 일어난다. 산도 4~5에서 카텝신이 활동적이고 7~8에서는 조직의 트립신이 활동적이다.

11장 효소 복합체의 구성성분

"효소를 외부에서 공급받으면 인체 내의 효소량은 고갈되지 않는다"

모든 사실을 설명하고 유기체가 *효소들의* 특징을 변형시키는 방식에 대한 좀더 분명한 개념을 갖기 위해, 촉매로서의 효소 뿐 만 아니라 자가촉매제- 옥스퍼드 대학 무어[194] 교수가 '생명의 에너지'라 부른 것으로 충전된 물질의 입자- 로 간주될 필요가 있다. 상세한 제안에서 무어는 효소와 금속 촉매 사이의 구분을 분명히 보여준다. 촉매는 생명체가 아니다; 효소는 생명체이다. 무어에 의하면: "살아있는 물질은, 살아있는 물질에 속해있으며 그것이 없이는 생산되지 않는 일종의 에너지에 의해 산다. 효소는 죽은 콜로이드와 살아있는 세포의 중간 특징을 가지고 있는 듯 보이며 세포 밖에서는 살아있는 물질에 속하는 어떤 특성을 가지고 있다. 생화학이란 살아있는 동식물에 있는 생명에너지에 의해 생산되는 화학적 물질들에 대한 연구로 정의될 수 있으며, 더 나아가서는 그러한 물질들이 정교하게 만들어지고 결국은 세포에 생명을 가져다 주기 위한 생산에 이용되는 에너지 프로세스에 대한 연구로 정의될 수 있다. 효소는 콜로이드라는 점에서 무기 촉매와 다르고, 이것 때문에 무기 촉매와 효소의 작용이 서로 다를 수밖에 없다.

효소를 화학 물질로 확증하려는 시도는 그들의 성질에 대한 부적절한 조망 때문에 실패했다. 효소의 특성에 관련된 화학적 사실뿐만 아니라 생물학적 사실에 대한 연구는 효소를 *생기적 물질*-에너지 값을 함유한 물질-로 간주함이 당연하다는 의견에 대한 강한 합의로 귀결되었다. 얼른 생각해보면, 이는 과학 영역에서 벗어나 철학 영역에 들어가는 것을 의미할 수 있다. 그러나 나는 회중전등의 배터리를 에너지의 비축으로 인식하는 것 보다 효소의 그런 개념을 형성하는 것이 왜 더 어려워야 하는지를 알 수 없다. 두 경우 모두 에너지 값이 측정될 수 있으므로 가정으로 남겨둘 필요가 없다. *배터리가 "죽으면" 에너지 값은 사라진다; 유사하게 효소가 열에 의해 파괴되면, 에너지 값은 없어지고 그 매개물만 남겨두게 된다.*

이러한 효소에 대한 개념은 전혀 생소하거나 내가 만들어 낸 것이 아니다. 이러한 아이디어에 대한 설명은 하버드대학의 트로랜드[195]에 의해 분명하게 제시되었다: “내가 믿기로는 생명의 비밀을 구성하는 개념은 촉매 현상의 개념이다. 물론 살아있는 유기체 안에서는 촉매 현상 이외에 다른 과정들이 많이 있지만, 유기체에서 특별하게 중요한 속성은 촉매 작용에 직접 의존하거나, 또는 촉매 시스템들의 발달 역사에 의존한다는 것이 나의 이론이다. 생명의 핵심은 촉매작용이며 이는 활력론자의 엔텔레키entelechy가 아니고 단순한 물리화학적 과정이다. 이 개념에 따르면 *생명*은 효소에 관하여 세워진 그 어떤 것이다; 그것은 *효소 활성*의 당연한 결과이다.

논문에 있는 250가지 참고문헌을 섭렵하여 작성된 비평적 해설논문에서, 엑크만[196]은 생명의 자가 촉매 이론에 많은 강조점을 두었다. 생명은 특별한 형태의 자가 촉매 작용으로 간주되고 생명체는 근본적으로 자가 촉매체로 간주된다. 자가 촉매체의 필수적인 성질은 그들의 반응을 촉매하는 능력에 달려있지 않다.

아이오아 대학의 라이드[197]는 효소의 진정한 성질에 관해 계몽적인 토론을 제시했다. 그의 말을 인용하면: “살아있는 세포의 기능이 그들의 콜로이드적 구조뿐만 아니라 그들의 전기분해적 구조에도 의존하고 있고, 무기 구성성분들 둘 다가 필수적인 반면, 그럼에도 불구하고, ‘*생명의 불꽃*’을 명백하게 투입하는 역동적인 추진력은 그들의 효소 *내용물*에서 발견된다. 생명에 관한 형이상학적인 엔텔레키적 설명은 효소와 그 기능에 관한 발견 이후 거의 필요 없다. 사실 지나치게 길게 확장된 개념들은 세포와 세포를 이루는 조직에 관해 관찰된 사실들과 더 이상 맞지를 않는다. 소화관 밖에서 일어나는 생명과정에서 효소의 역할은 보통 간과되거나 소홀히 여겨진다. 필수적인 신진대사와 호흡활동은 소위 말하는 소화기관과 호흡기관에서 일어나는 것이 아니라 세포에서 일어난다.”

살아있는 유기체에서 작용하고 있는 힘들에 관한 최근의 진보된 지식으로 말미암아 인류는 효소의 성질과 특징을 더 잘 이해하게 되었다. 효소의 진정한 성질을 더 잘 이해할 수 있게 된 사람들의 견해가 설득력을 가지려면, 사고할 줄 아는 모든 사람들에게는 냉정하지만 열정적으로, 철저히 모든 증거의 무게를 견주어서 확정된 사실과 연합될 수 있는 것을 수용해야 할 의무가 있다. 현대과학은 효소의 본성에 관한 비과학적이며, 낡고, 잘못된 해석에 만족할 수 없다. 그리고 진리에 도달하기 위해 증거의 한 부분에만 중점을 둘 것이 아니라, 이용할 수 있는 모든 화학적, 의학적, 생물학적 사실들 모두에 함께 중점을 두는 것이 필수적이다. 그렇게 함으로써 관계없어 보이는 사실들이 종종 서로를 보충하게 된다.

나는 앞서의 설명들이 "효소 에너지" 또는 "효소 활성"이라는 용어의 의미를 분명하게 이해하도록 해준다고 믿는다. 효소는 반드시 이중적인 존재로 이해되어져야 한다. 이는 단지 나의 견해에 그쳐서는 안되고, 모든 증거가 주의 깊게 고려된다면 누구나 도달해야할 결론이다. 생물학적 사실들과 화학적 사실들을 모두 합한다면 화학적 성질에만 근거하여 효소 본성의 개념을 형성하는 것을 허용할 수 없다. 그런 견해는 어떤 것이든 일반적으로 확증되지 않으면 오류일 수밖에 없다. 폭넓게 다양한 사실들과 부합하지 않으면 격렬한 비난을 받을 수 있다. 전기를 저장하는 배터리의 두 구성요소로서 금속판과 전기에너지를 지목하는 것이 부적절한 것처럼, 효소를 에너지가 충전된 단백질 운반체들로 구성된 것으로 명시하는 것은 더 비과학적이다.

주의 깊게 고려되지 않는다면, 효소 단백질의 결정을 얻는데 거둔 성공은, 효소의 진정한 본성에 관한 모든 증거의 경향과 일치하지 않는, 어떤 궁극적 사실들이 드러났다는 인상을 줄만하다. 그러나, 효소의 단백질 운반체를 결정화한 것이 어떻게 효소를 더 간단한 범주로 축소시키게 해석될 수 있다는 것인지 나는 알 수가 없다. 결정화 기술의 중요 개발자 중의 하나인 록펠러 의학연구소의 놀뜨롭[147] 조차도 효소 형성의 문제를 순전히 화학적 방법으로만 해결할 수 없음을 인정하고 있다.

독일 뮨헨 대학의 윌스타터 교수[198]는 시카고에 있는 미국 화학 협회에서의 연설을 통해 이 특별한 단계에 관하여 심오한 내용을 포함한 언급을 했는데, 내가 믿기로 그것은 때때로 일어나는 오해를 풀어주었다. 윌스타터의 말을 인용한다: "효소의 단백질 함유량의 중요성은 몇몇 미국인 연구자들과 우리 사이에 유익한 토론의 주제가 되었다. 우리는 사카라제saccharase, 아밀라제를 비롯한 몇 몇 효소들의 경우 점차적이면서 가능하다면 완벽하게 효소를 단백질에서 유리시키고자 했던 반면에, 이들 미국 연구자들은 정확히 반대 방향으로 진행했다. 그들은 효소 활성을 부여받은 단백질의 분리에 성공했다. 섬너가 우레아제를 분리한 것과, 놀뜨롭과 쿠니쯔가 단백질 결정의 형태에서 펩신을 분리한 것은 빛나는 발견들이고, 매우 중요한 예비적 성공이다. 그러나 이 효소의 단백질 내용물이 진실로 필수 불가결한 구성성분인가 하는 점은 의심쩍었다. 뮌헨의 디커로프와 튜스 그리고 프라하의 발드슈미트-라이쯔와 코프라니는 펩신의 활성을 갖고있는 단백질을 채소의 단백질로 대체할 수 있었다. 이들에 의하면 펩신 용액의 효소는 특정의 종자 글로블린에 완벽하게 흡착되었고, 반면에 원래의 단백질 성분은 펩신의 활성이 없었던 원래의 액체에 완벽하게 남아 있었다. 따라서 결정화된 단백질은 효소와 동일하게 간주되어서는 안 된다. 심지어 그것은 필수 불가결한 콜로이드 운반체로 인식되어서도 안 된다."

효소의 단백질 구성물이 필수적이지 않다는 것은 단백질이 없는 아밀라제를 준비한 발드슈미트-라이쯔와 레이첼[199]이 보여주었다.

기리[200]가 알루미나 젤에 흡착시켜 정제한 아밀라제에 관한 연구는 효소가 단백질도 아니고, 결과물이 어떤 측정할만한 양의 단백질을 함유하지도 않는다는 결론을 도출했다.

최근 셔만, 캘드웰, 아담스[201]에 의하여 많은 효소들이 알루미나 젤과 다른 물질들에 흡착시킴으로써 고도로 정제되어 졌다. 이 방법은 윌스타터 학교에서부터 시작되어 유럽에서 집중적으로 사용되고 있다. 이 방법의 핵심내용은 효소 활동이 단백질 운반체로부터 알루미나 젤 운반체로 전이되는 효소의 이중적 본성을 보여주고 있다. 이러한 과학적인 실험들을 비중있게 본다면 효소들이 형체가 없는 영역들을 가지고 있다는 사실이 강조되며, 나는 *효소복합물*의 가장 중요한 부분이 *생기적* 특징을 가지고 있음을 보여줄 것을 제안한다.

12 장 림프내 효소의 흡착과 분배

"적절한 생식은 인체 내 효소 소모량을 상당히 줄일 수 있다"

앞의 수 페이지에서 열거된 사실들은 효소가 살아있는 유기체에서 신진대사의 필요에 맞도록 전이될 수 있는 방법에 관한 중요한 시사점을 갖고 있다. 보통 췌장이 매일 수백 밀리리터의 췌장액을 만들어낸다고들 하지만, 나는 췌장이 단지 이 췌장액을 "모을"뿐이라고 말하는 것이 더 알맞다고 생각한다. 그것은 췌장액의 물 성분을 제조하는 것이 아니라, 혈류에서 그것을 끌어온다. 유사하게, 탄산나트륨 또는 다른 염류도 제조하는 것이 아니다. 췌장이 그 자신의 물질을 가지고 매일 장에 쏟아 붇고 있는 아밀라제, 프로테아제, 리파아제와 다른 효소들을 제조할 수 있는지는 반드시 조사해 볼일이다.

췌장은 성인의 경우 85그램이고 타액선은 75그램이다. 얼른 생각해보아도, 몇 그램의 세포가 해마다 장에 계속 공급되는 엄청난 효소를 그 자신의 물질에서부터 공급할 수 있다는 것이 불합리해 보인다. 내분비선을 포함한 모든 선에서 나오는 분비물에 대하여 똑같은 생각을 해 볼 수 있다. 췌장이 자체의 효소들을 만든다고 가정하는 것이 췌장이 그 분비액의 다른 성분을 만든다고 진술하는 것보다 어떻게 더 논리적인지 나는 알 수가 없다. 의심할 바 없이 췌장세포는 다른 세포와 마찬가지로 효소를 제조할 능력을 갖고 있으나 췌장 분비물에서 발견되는 농도만큼은 분명히 아니다. 나는 효소의 단백질 성분이 어디에서 왔는지에 대해 논박할 수 있다고 생각지 않는다. 췌장이 그 자신의 물질에서 오랜 동안 효소의 단백질 운반체를 공급하는 것이 물리적으로 불가능하다는 데는 동의할 것이다. 왜냐하면 이는 췌장선의 중량과 물질을 급격히 잃게 만들 것이기 때문이다.

췌장을 포함한 모든 기관은 금식과 동면 기간 중 무게가 줄어든다 [202]. 췌장이 단백질을 얻는다거나 단백질이 피로부터 직접, 또는 세포로부터 간접적으로 파생되었는지 아닌지는 이 토론에서 중요치 않다. 내가 보여주고 싶은 것은 췌장은 모으고, 변이 시키고, 수정하는 기관이며, 그 자신의 물질로부터 어느 긴 시간 동안 췌장액의 실재 성분의 어떤 것도 제조하지 않고 지속적으로 새로 공급받는다는 것이다. 모든 분비선에 같은 결론이 적용되지 않을 이유가 없다. 효소 복합체에 대하여 설명되지 않은 부분은 단 하나 – 활성을 나타내는 생기적인 부분이다. 이전 내용을 꼼꼼하게 생각하면, 살아있는 유기체에서 신진대사 작용에 의해 표현되는 바, *활력, 힘* 또는 *생기적 에너지* 등으로 다양하게 알려진 것과, 기질을 변화시킴에 있어서 효소들에게서 나타나는 활성은 하나로서 동일한 것이다. 췌장은 단백질 운반체에게 이 생명을 유지하는 에너지 값을 주는 능력을 가지고 있는 것 같다. 췌장은 전력을 받아 필요에 맞는 전압으로 바꾸는 전기 변압기와 다르지 않은 방식으로 기능한다고 생각될 수 있다.

췌장이 피와 세포로부터 생기적 에너지를 포함하여 분비액에 필요한 모든 성분을 제공받는다는 입장은 모든 증거에 의해 입증된다. 효소 에너지가 분비선으로 이르는 길을 찾는 방식은 독일의 연구자들에 의해 명백히 제시되었다.

윌스타터와 로드발트[203]는 8 종류의 개개의 아밀라제들이 있음을 보여주었다: 그리고 백혈구에서 트립신, 에렙신, 그리고 카텝신[204]의 존재도 보여주었다.

클라이만과 샤르[205]는 백혈구에서 카텝신(산도 4가 최적 조건)과 트립신(pH 8이 최적 조건)을 분리했다.

스턴[206]은 백혈구에서 최적 산도가 7인 카타라제를 찾아냈다.

이그로러[207]는 적혈구 보다 3-4배 정도 되는 제일 많은 양의 카타라제 성분을 가진 백혈구polymorphonuclear leukocyte를 찾아냈다. 호산구 과립eosinophilic granules들은 매우 현저한 옥시다제 활성을 보여주었다. 백혈구에서 페록시다제 활성은 콘[208]에 의하여 관찰되었다.

모타이[209]는 개의 편도선에서 최적 산도가 7.8 내지 8.4인 매우 활성이 높은 리파아제를 추출했다. 편도선에는 리파아제를 함유하고 있는 림프구가 많이 있었다.

조직에 있는 프로테아제의 집중적인 연구에서 클라이만과 로나[210]는 림프선의 프로테아제가 백혈구에 있는 것과 동일함을 확인하였고 조직에서 발견된 트립신은 파괴된 백혈구로부터 유래했을 수도 있다고 제안했다.

윌스타터와 동료들[204]은 말, 돼지, 개의 혈액 속에 있는 백혈구에서 대부분 에렙신의 활성이 강함을 알아냈는데, 이는 다이펩티다제와 아미노-폴리펩티다제의 존재 때문이었다. 그들은 백혈구와 췌장선의 효소 시스템, 특별히 단백질 분해 효소 시스템에서 얼마나 일치하고 있는가 하는 점을 특이하게 여기고, 췌장이 실지로 효소 성분 모두를 실지로 생산하는지, 아니면 혈구 세포들의 선택과 분쇄과정이 췌장선에서 일어나고 있는지에 대해서 의문을 제기했다.

윌스타터와 바만[211]은 위 점막에서 에렙신과 카텝신을 추출하고, 그들이 위와 장 점막에 있는 백혈구의 효소, 즉 이 조직들에 있는 백혈구가 축적되어 있다는 조직학적 관찰과 일치하는 가정을 이론화했다.

윌스타터와 그의 동료들[212]의 연구에 따르면 개, 말, 돼지 및 인간의 타액선은 트립신, 카텝신, 펩티다제를 포함하고 있는데, 그들은 카텝신이 임파구-림프 체계의 조직들과 세포에 독특하게 존재하는 것으로 생각하는 연구자들이다.

제시된 증거를 주의깊게 분석하면 백혈구들의 의심할 수 없는 특성에 큰 강조를 두고 그들의 기능에 관한 우세한 견해를 크게 확대할 수 있다. 나는 백혈구가 다양한 종류의 효소-아마 다른 어떤 조직이나 세포보다 많은 - 를 함유하고 있다고 지적해왔다. 백혈구는 췌장에서 보고된 것보다 훨씬 많은 종류의 효소를 함유하고 있다. 윌스타터가 주의를 환기시켰듯이 *백혈구 세포가 조직 내 이곳 저곳에 효소를 운반하는 것처럼 보인다.* 백혈구는 신진대사의 무기로 잘 무장되어 있으므로 그들이 식작용에서 작용하는 방법은 이해하기가 더 쉽다. 분명히, 췌장에 의해 십이지장에 배출된 효소의 생기적 성분은 음식과 재흡수된 장 분비물에서뿐만 아니라 근육과 다른 조직으로부터 췌장으로 이동된 것이라고 믿는 것이 85그램의 췌장조직이 그 자신의 물질에서 이 활성을 가진 효소의 영역을 무한정으로 제조한다고 믿는 것보다는 더 그럴 듯 해 보인다.

효소가 대변, 소변, 땀에 매일 분비되어 희생되는 동안, 자연 현상을 주관하는 법은 몇 온스의 췌장, 타액, 위, 장 분비조직에서 뿐 아니라 성인 유기체를 구성하고 있는 백여 파운드의 근육과 선 조직으로부터 주로 효소의 상실을 보충하도록 엄격히 지시한다. 이 간단한 개념이 어떻게 반박될 수 있는지 모르겠다. *백혈구*는 가장 합리적인 *운반 수단*으로 나타난다. 그들이 흡착과정에 의해 장관에서 분비된 효소와 F-자임을 취득하는지; 또는 백혈구가 유기체의 조직으로부터 효소들을 끌어오는지; 또는 백혈구 효소들이 이곳 저곳에서 부분적으로 취득되는지는 토론의 현재 국면에서는 문제가 되지 않는다. 증거의 본성에 따라 췌장과 다른 효소 분비선들이 그들의 효소의 많은 부분을 백혈구에서 받는다는 것이 거의 옳다고 생각해야 한다. 아마도, 예를 들어 췌장은 효소가 기능하는 수소 이온 농도(pH의 차이)가 다르기 때문에 여러 원천에서 온 효소를 사용할 수 없을 것이라는 반대 이론이 나올 수 있을 것이다.

놀뜨롭[147]의 실험에서 효소 용액의 산도와 특정 화학적 처리를 변화시키는 것은 효소의 어떤 특징에 중요한 영향을 미칠 수 있다는 것이 밝혀졌다. 윌스타터의 연구[148](앞의 다른 참고문헌도 보라)는, 다른 사람들의 연구결과와 같이, 유기체는 최대의 활성을 위한 최적의 pH와 같은 효소의 다양한 특징을 수정할 수 있는 고유의 능력을 가지고 있다는 것을 암시한다. 디커호프와 티위즈 그리고 발트슈미트-라이쯔 또 코프라니가 보여주었듯이 효소의 생기적 영역이 동물성 단백질에서 채소의 단백질로 전달될 수 있다는 사실을 고려하라; 효소의 생기적 영역의 잘 알려진 흡착친화력과 강한 염화수소나 펩신(윌스타터)으로 효소를 처리하여 생기는 산도 특성의 변화는, 그것은 *최대 활성도를 위한 최적 산도의 수정 또는 산도 특성의 변화라고 유추될 수 있는데, 조직이 극복할 수 없는 일이 아니다.*

이와 연관시켜 기억할 것은 효소의 최대 활성을 위한 최적 산도는 온도에 따라 광범위하게 변하고 최대 활성을 위한 최적 온도도 산도에 따라 달라진다는 것이다. 일반적인 법칙은, 수소 이온 농도가 낮아지면(산도가 높아진다) 고온(50도 내지 70도씨)에서 활성이 증가되고, 수소 이온 농도가 높아지면(산도가 낮아진다) 낮은 온도(30도 내지 40도씨)에서 활성이 증가하는 것이다.

콤프톤[149]은 타카디아스타제takadiastase를 47도씨에서 조사했을 때 pH 7.2에서 최대 활성을 나타낸 반면, 35.5도씨에서 조사했을 때는 최대 활성이 pH 3에서 나타났다.

햄벅과 픽홀쯔[213]는 38도, 60도, 그리고 70도의 온도와 또 산도 2.8에서 8.9에 이르기까지의 범위에서 다양한 효소를 검사하였을 때 활성이 많이 달라짐을 발견했다.

전분의 분해 실험에서 짜스쯔크와 동료들은 25도 내지 75도씨 의 온도 범위 내에서 산도 4.4 내지 5.4 범위가 정제된 맥아 아밀라제가 최대 활성을 나타내는 최적 산도임을 발견했다.

열에 의해 맥아 아밀라제를 파괴하는 실험에서, 나는 30분 동안 48도씨, 49도씨, 그리고 50도씨에서 효소 용액을 가열하면 가열하지 않은 대조군에 비해 7 내지 15% 활성이 영구적으로 증가하는 것을 발견하였다. 이렇게 증가된 활성은 가열된 용액을 5도씨에서 4시간 보관해도 유지되었다. 맥아 아밀라제의 용액을 51도씨에서 30분 가열하면 활성이 약간 줄었고 많이 가열할수록 활성이 점차적으로 줄었다.

종자가 발아하는 동안에 α-아밀라제는 여러 배 증가했다; β-아밀라제는 상대적으로 적게 증가하였다[215, 216]. 곡식이 숙성되면, α-아밀라제는 거의 완전히 사라진다. 파파인papain 분해, 또는 황화수소의 활성화는 숙성된 곡식에서의 β-아밀라제 복원을 100% 이상 증가시키지만, α-아밀라제는 별다른 차이가 없다[217]. α-아밀라제의 최적 산도는 5.1이고, β-아밀라제는 4.3이다. α-아밀라제는 숙성되는 동안 없어지고 파파인 분해 또는 황화수소 처리에 의해 회복되지 않기 때문에, 그리고 β-아밀라제는 회복이 두드러지기 때문에, 적정 pH 5.1인 α-아밀라제는 변하여 적정 산도 4.3의 β-아밀라제가 된다고 결론지을 수 있다. 이는 티코프스키와 폴락[218]의 결론이기도 하다.

이런 다양한 현상들은 살아있는 유기체 내의 복잡한 생리과정들의 영향 아래 효소의 특성이 기관의 즉각적인 필요에 가장 적합하게 여러 가지 방법으로 조정될 수 있다는 것을 의미하는 것으로 가장 잘 해석된다고 믿는다. 이미 언급한 대로 생리학자 애브더할덴은 일련의 논문에서[62-71] 혈류에 유입된 다양한 외부 물질들에 대해 고도로 특이적인 효소들을 생산하는 유기체의 놀라운 반응을 기록해왔다. *설탕, 유당, 또는 다양한 단백질에 대한 반응으로 오직 특이적인 효소만이 분비되었다.* 단백질이나 그와 관련된 펩톤을 주사한 동물의 소변에서 특이적인 효소들이 분리되었다. 또한 소, 말, 개의 신장, 간, 대뇌, 소뇌, 말초신경계 등의 조직으로부터도 특이적인 효소가 분리되었다. 뇌에서 발견되는 단백질 분해 효소는 매우 특이적이었다. 혈청 글로블린이 주사되면, 합성된 효소는 같은 혈액 집단에서 생긴 혈청 글로블린만 분해한다. 간, 신장, 췌장 등에서 나온 단백질들도 유사하게 그들 자신에게 맞는 효소를 생산한다. 밀기울과 녹색음식을 먹인 토끼들에서 얻은 혈청 알부민을 밀기울을 먹인 토끼에게 피하를 통하여 주사했다. 밀기울을 먹인 토끼로부터 얻은 알부민은 밀기울 먹인 토끼에서 얻은 혈청 알부민을 공격하는 효소를 만들었으나 녹색 야채를 먹인 것들로부터 얻은 혈청 알부민은 그렇지 않았다.

동물의 몸이 필요에 따라 효소의 특성을 조정할 수 있음이 인정된다면 림프 시스템이 중요한 새로운 질서를 떠맡고 있는 것이다. 백혈구는 장의 유미관과 융모에 침투하고 아메바 운동으로 장벽을 통하여 이동할 수 있으며 흡착이나 흡수과정 또는 둘 다에 의해 F-자임들과 분비된 효소를 포함하는 암죽chyle의 요소들을 취해서 기관 전체에 분배한다. 백혈구들이 접촉하는 박테리아나 낯선 물질들은 소화할 수 있다고 일반적으로 여겨지기 때문에 백혈구가 효소를 흡수할 수 있음을 부인할 근거는 별로 없다.

많은 보고들은 살균성이 있는 다양한 효소들이 있음을 인정한다. 일반적으로 백혈구가 침입자에 대한 유기체의 방어 역할을 한다는 것이 인정되고 있다. 내가 말하고자 하는 것은, *백혈구의 방어력은 고도의 다양한 효소들의 함량에 달려있다*는 점이다. 효소와 백혈구 사이에는 많은 상관관계가 있다.

전염병과 열병에서 백혈구 증가와 효소 활동량 증가는 함께 일어난다는 것을 잊어서는 안된다. 식사 후 그리고 임신중 생리학적 백혈구 증가증이 있는데, 이는 혈액 또는 소변 중에서 검출되는 효소량의 증가와 병행하여 일어남을 지적한 바 있다.

13장 건강한 사람과 병자에 있어서의 체액 효소들

"생식을 통해 섭취하는 효소는 소화기능을 대폭 향상시킨다"

F-자임에 대한 인체 의존성의 정도에 대한 엄격한 검사는 보통의 혼합된 식습관으로 살아가는 사람의 혈액, 소변, 소화액에 있는 효소량에서 보여지는 다양성과 결핍의 정도를 결정하는 것이다. 문명 생활을 하는 개인의 보통 음식은 압도적으로 화식이고 따라서 원래 효소량의 극히 일부만을 함유하고 있어서, 그런 사람의 효소량 측정은 유기체가 필요로 하는 F-자임량의 수준을 재는 기준이 될 수 있다. 다행스럽게도 최대한의 건강과 정상적인 수명을 고려하여 일련의 그러한 측정치들이 다수 발표되었다. 소위 체액 효소량의 정상인의 평균으로 제시되어 있는 수치는 매우 다양하다. 이러한 다양성은 젊은 성인들의 경우 저장고가 고갈되지 않아 추가적인 자극에 반응하는 것이 가열된 탄수화물, 단백질, 그리고 지방을 먹는 습관의 당연한 결과로 생기는 것이라는 사실에 의해 설명될 수 있다. 나이든 사람들의 경우는 *잠재적인 효소 저장고 조직*이 다소간 *고갈*되었다. 따라서 자극에 반응하는 효소 생산 기작의 결핍 때문에 체액에서 낮은 수치를 나타낸다.

체액의 효소량이 보통 정도의 건강을 지닌 사람들에게서 극히 다양하다는 것은 문헌에 충분히 나타나있다. 조사자가 합리적으로 좁은 범위 내에 있는 개인 집단에 대한 일련의 관찰에서 나온 결과들로 국한시킬 수 있는 연구보고서를 발견하기는 어렵다. 다른 생리학적 상수와 비교하였을 때, 수많은 체액의 효소량은 극단적으로 넓은 범위에서 다양하다. 예를 들어 적혈구와 백혈구의 수, 혈당, 헤모글로빈 그리고 다른 혈액 구성소는 보통의 건강을 지닌 사람들에게 있어서 상대적으로 좁은 범위에서도 다양성을 나타낸다. 그러면 왜 타액, 소변 그리고 다른 체액의 효소량은 명백히 정상적인 사람들에서도 100%, 200%, 심지어는 1,000%까지 차이나는 것일까? 이토록 폭넓은 다양성은 개개인이 섭취한 음식에 있는 효소의 흡수가 오랜 기간 동안 차이가 났다는 것을 근거로 해서만 설명될 수 있다. 동물의 신체가 심각한 질병이 나타나지 않은 채 상당 기간 비타민이나 미네랄이 전혀 없는 음식을 먹고 지낼 수는 없는 반면, 레이니어[219]의 연구에서 나타나듯 여분의 효소가 없이도 건강 상태를 해치지 않으면서 심각한 질병 없이 상당한 기간동안 살 수 있다. 일반적으로 말해서 동물 유기체는 미네랄이나 비타민을 제조할 수 없지만 효소는 자체의 세포들에서 만들 수 있다. 세포들로 하여금 효소를 만들어 내라는 요구가 커지면 커질수록 더 빨리 생산 능력이 혹사되고 파괴된다. 일정량의 효소가 음식을 통하여 매일 유입되면 신체 세포 조직에 대한 요구가 줄어들고 고갈될 위험이 줄어든다.

볼게머뜨[220]는 인간 타액의 전분 분해소 함량이 상당 범위-156 내지 500 단위- 에서 다양한 것을 처음으로 관찰했다. 일본의 히라다[221]는 볼게머뜨의 분석 방법을 썼을 때 160 내지 640 단위의 범위를 갖는 것을 발견했다. 24세에서 36세까지의 4명의 어른에서 메이어[222]는 점도계법을 사용하여 타액에(아밀라제가) 200 내지 2,850 단위의 넓은 범위에 분포함을 발견했다. 건하드트[223]에 따르면 금식하고 있는 건강한 젊은이의 타액에 있는 아밀라제 양이 광범위하게 차이가 났다. 병적 상태에서도 여전히 차이가 있다고 보고했다. 당분 환원 측정에서는 더 큰 차이가 있음을 보고했다. 에머슨과 헬마르[224]는 5명의 정상 인간 대조군의 타액에서 116 내지 525 단위를 발견했다. 타액의 아밀라제 함량에 대한 놀라운 실험이 시카고의 마이클리스 병원 소화과 연구소에서 최근 실시되었다. 메이어와 그의 동료들[225]은 호크와 벌가임의 당분 환원법을 사용하여 젊은 성인의 타액 아밀라제 함량 차이가 거의 1,000%까지 나타나고, 노인들의 경우에는 300% 이하로 차이가 남을 발견했다. 나이든 성인의 경우 차이가 줄었는데, 이는 효소의 고갈로 인하여 효소 분비 메카니즘이 자극에 덜 민감한데서 나타나는 현상이다. 젊은이 집단의 아밀라제 양은 노인 집단보다 30배 많았다. 젊은 피실험자들은 12명이었고 평균 나이는 25세였다(21내지 31세). 노인 피실험자들은 27명이었는데 평균 나이는 81세(69 내지 100살)였다.

두 집단에서 타액 아밀라제 단위

	범위	평균
젊은 집단	2.4 내지 22.2	10.15
노인 집단	0.19 내지 0.48	0.303

마이클 리스 연구원은 노인 집단은 입과 위의 전분 소화력이 결핍되어 있다고 주장한다. 젊은이는 50그램의 흰 식빵을 위에서 쉽게 소화하는 반면 노인들은 입과 위에서 1% 만이 소화된다. 그는 *소화액 분비의 적정성에 관한 많은 일반적인 생각들이 개정될 필요가 있음*을 심각하게 보여주었다.

소변의 아밀라제 양에 있어서의 다양성은 타액의 경우와 비슷하다. 새구사[226]는 114명의 소변에 있는 아밀라제 양이 6에서 64 볼게머뜨 단위까지 다양하다고 보고했다.

해리슨과 고렌스[227]에 의하면, 24명의 건강하고 활동적인 사람의 소변 아밀라제는 6.7에서 33.3 볼게머뜨 단위까지였다.

크레이버르그[228]가 조사한 바에 따르면, 235명의 건강한 사람이 소변에 배출한 아밀라제는 4에서 64 요오드 단위까지 분포되어 있다. 모라비토[229]는 정상 아동들의 경우 수정된 볼게머뜨 방법으로 측정하여 소변의 아밀라제 값이 12에서 26까지 임을 발견했다. 거너[230]는 볼게머뜨법을 사용한 114 번의 검사를 통하여 49명의 건강한 사람의 소변에 있는 아밀라제 양을 확인했다. 수치는 16에서 128 단위까지 분포되었다.

그레이와 소모기[231]는 당분 환원법을 사용하여 건강한 사람의 경우 소변이 혈청보다 2-6배의 아밀라제를 함유하고 있으며, 아밀라제 양의 다양성은 혈액에서보다 소변에서 더 크다는 것을 알아냈다.

델후느[232]는 20명의 건강한 사람으로 구성된 피실험자에게서 혈청의 효소 농도를 측정했다. 카타라제는 정상 상태에서는 아주 일정했으나, 병에 걸렸을 때는 극히 다양했다. 프로테아제는 생리학적 상태에서 커다란 다양성을 보여주었다. 페록시다제는 정상 혈액에서 100% 범위의 다양성이 나타났고 아픈 사람들에게서는 몇 배나 더 높았다. 에스터라제 또한 정상에서는 약 100% 다양성이 나타났으며, 병에 걸렸을 때는 여러 배 더 커졌다.

도미요까[233]는 혈청의 아밀라제 정상 값이 2.9 내지 4.15라고 제시했다.

엘만, 아네슨 그리고 그래함[234]은 점도계를 사용하여 25개의 정상 혈액을 검사하여 아밀라제가 4.3 내지 6,8 단위임을 알아냈다.

워커필드와 맥커핸[235]은 점도계 피펫을 사용하여 5명의 정상 피실험자를 조사하였는데, 혈액의 아밀라제가 4.2에서 7.2 단위까지 다양하였다.

어린아이에 있어 혈청 아밀라제에 대한 모라비토[229]의 정상값은 5 내지 10 단위이다. 해리슨과 로렌스는 24명의 건강한 어른의 정상적인 혈액 아밀라제가 3 내지 7 단위라고 보고했다. 49명의 건강한 사람의 혈액을 90회 검사하여 아밀라제 값이 8.8에서 22.8 사이임을 보여주었다[230].

라이드와 마이어스[140]는 당분 환원법을 사용하여 정상적인 개인에게서 혈액 아밀라제 함량 범위가 13에서 19 단위임을 확인하였다.

오텐스타인 당분 환원법을 사용하여, 보이트와 프라갈[236]은 혈액 아밀라제 함량의 정상 범위가 100밀리리터 당 120 내지 200밀리그램이라고 제시하였다.

폴랜드와 불룸필드[237]는 본질적으로 정상적인 환자 21명을 대상으로 펩신의 농도와 총 배출량을 연구했다. 위장액이 10분간 최대로 소화할 수 있는 양은 에데스틴 edestin 16,900 내지 112,400밀리그램이었다.

소변과 혈액에 관한 보고들에서 발견되는 수치들을 보면 소변에서의 값이 혈액에서보다 훨씬 넓은 범위에 걸쳐있다. 이는 상대적으로 좁은 범위에서 효소의 최적 농도를 유지하는 것이 혈류의 고유의 속성이며, 잉여분은 조직에 저장하거나 소변으로 배출함으로써 빨리 처분하기 때문이라고 추정된다. 적절하게 해석된다면 혈액에서 효소를 분석하여 질병을 진단할 수 있다. 그러나 생리학적 연구에서 혈액 효소를 분석하는 것은 혼동되고 오류가 많다는 패러다임이 형성되어 왔다. 소화액의 분비, 소변 및 조직의 검사는 유기체에서 효소의 이동 경로와 운명을 추적하는데 알맞은 접근 수단을 제공한다.

많은 연구자들이 체액의 효소량을 진단의 보조 자료로서 사용하려 해왔으나, 정상 값을 설정하기 위한 정상인의 검사에서 정상 범위가 지나치게 광범위하게 퍼져있어서 이 방법은 진단적 가치의 대부분을 상실하였다. 범위가 넓게 분포하는 것은 두 가지의 요인이 작용한다. 생생한 virgin세포조직을 가진 젊은이들은 일상 생활에서 발생하는 보통의 자극에 대한 반응으로 높은 값을 나타낼 수 있다. 고갈된 세포조직을 가진 노인에게서는 낮은 값이 나온다. 이런 연관을 가지고, 나는 *만성질환을 앓고 있는 상대적으로 젊은 유기체와 질환을 앓고 있지 않은 상대적으로 늙은 유기체의 화학적 구성에 많은 유사점이 있음*을 보여주고자 한다.

엄청난 양의 실험 논문들을 보관소에 묻어 놓는 대신 이러한 사실들을 적절히 요약하여 상호 연관시킨다면 많은 혼돈스러운 의학의 문제를 풀기 위하여 이미 충분히 많은 사실들이 과학 연구에 의해 밝혀져 있다고 흔히들 이야기한다. 이런 원리를 인간의 건강, 질병 그리고 생명에 대하여 효소가 갖고 있는 많은 숨겨진 사실들에 적용함에 있어서 나는 찰스 다아윈 못지않은 역할을 할 수 있다. 다아윈도 진화론처럼 근본적이면서 먼 과거로 외삽해야 하는 원리를 만들어 내기 위하여 사실들을 분석하고 상호 연관시키는 방법을 사용했던 것처럼, 다른 식으로는 도달할 수 없는 삶, 건강, 질병의 개념을 설정하는데 이 방법을 훌륭히 사용하지 못할 이유는 없다.

체액의 효소량에 큰 다양성이 있는 것은 신체의 조직 및 체액에 있는 효소량과 중년에 흔히 발생하는 퇴행성 질환 사이에 어떤 관계가 있지 않을까 하는 의문을 제기하게 한다. 건하드트[223]는 금식 중인 건강한 젊은이의 타액에 있는 아밀라제 함량이 폭넓게 다양한데, 병든 상태에서는 그 차이가 더 커지는 것을 발견했다. 델후느[232]는 건강한 사람들의 카탈라제, 페록시다제, 그리고 에스터라제의 혈액 함유량이 100%까지 차이가 나는데, 병든 상태에서는 이 효소들의 혈액 함유량 차이가 몇 배 더 커지는 것을 조사했다. 일반적으로 말해, 많은 급성 질환은 체액에 효소 함유량이 높은 것과 연관되고 만성질환은 낮은 함유량과 관련이 있다. 적절한 사실들을 주의깊게 평가하면 이러한 일반화가 인정될 수 있다. 만성질환에서 낮은 값이 나타나는 예는 충분히 확증되었다. 웨브너[132]는 사람을 포함한 여러 종의 동물의 타액 리파아제를 검사하여 7 건의 당뇨병에서 그 수치가 낮음을 발견했다.

델후느[238]는 위산과다증의 경우 타액의 전분 분해력이 크게 감소했음을 발견했다.

베토로[239]는 당뇨 환자에서 타액의 아밀라제 함량이 비정상적으로 낮음을 발견했다.

바크와 러스틱[117]의 조사에 따르면, 혈청의 리파아제 양은 만성 결핵으로 죽어가고 있거나 죽은 사람의 경우 감소되었다.

류는 가볍거나 일반적인 결핵에 걸린 환자의 혈액 리파아제 양은 정상인과 거의 비슷하나, 중증의 경우는 많이 감소되었고, 영양 상태가 만족스럽게 유지되면 감소를 막을 수 있다는 것을 밝혔다.

수기야마[241]가 발견한 바에 따르면, 111명의 결핵에 걸린 일본인 환자의 혈액 에스터라제의 평균 함유량은 건강한 사람보다 82% 낮다; 병이 심해질수록 에스터라제 활성은 더욱 감소했다.

발로와 로바스[242]가 70구의 시신에서 췌장의 효소량을 조사한 바에 따르면 *당뇨, 결핵 그리고 암으로 죽은 사람의 경우 아밀라제와 트립신은 현저히 감소*했음을 알 수 있었다.

그린[243]은 일반적으로 건강이 좋을 때 암환자의 경우 혈청 에스터라제의 함유량은 정상보다 약간 높았지만, 말기 상태에서는 정상보다 훨씬 낮았다.

롬바르도와 안셀모[244]는 대변, 혈액, 소변, 십이지장액을 측정하여 프로테아제, 아밀라제 그리고 리파아제 양이 만성 폐결핵 환자의 경우 정상 이하임을 확증했다. 제일 많이 결핍된 것은 주로 리파아제였다.

오카다와 그의 동료들[245]은 선별하지 않은 21명의 당뇨환자에게서 십이지장액의 효소량을 33번 측정했다. 절반 정도의 사람들에서 아밀라제, 프로테아제 그리고 리파아제 양이 상당량 감소되었다.

밴 스테니스[246]에 따르면 당뇨를 앓고 있는 환자 6명 중 5명이 췌장액의 리파아제와 트립신이 감소되었다. 대변을 분석해보면 많은 경우 고기와 지방이 불완전하게 소화되었음을 보여주었다.

네팔 대학 병리약학 연구소의 생귀뇨[247]는 일련의 진성 당뇨병의 경우 소변과 대변의 아밀라제 함유량이 평균 20%까지 정상보다 낮았던 반면, 혈청 아밀라제는 단지 5% 정도 낮다는 것을 발견했다.

볼로딘[248]은 트립신과 아밀라제를 측정하기 위해 십이지장 분비액을 사용하고, 리파아제와 아밀라제를 위해서는 혈청과 소변을 이용하여, 진성 당뇨의 경우 보통 효소량이 감소된다는 결론에 이르렀다.

당뇨에서 혈액과 소변의 아밀라제 함량에 관한 보고들이 항상 일치하지는 않는다. 주의 깊게 연구해 본 후, 나는 다음의 요인들을 고려함으로써 그러한 불일치가 설명될 수 있다고 믿게 되었다:

1- 경미한 당뇨병일 경우는 늘 아밀라제 값이 높다; 심한 당뇨병일 경우는 낮은 값을 갖는다.
2- 인슐린의 영향력이 매우 크다: 혈액 아밀라제 양이 낮을 때는 높여주고[247], 높을 때는 낮추어 준다[140].
3- 치료를 위해 세심하게 음식을 조절했을 경우는, 식이요법 치료를 하지 않은 경우와 대비했을 때, 의심할 바 없이 큰 영향력을 발휘했다.

바베라와 아디놀피[249]는 21명의 경증과 중증의 당뇨환자의 혈액, 소변, 십이지장액을 검사하였다. 당뇨가 심한 경우에는 모두 혈액과 소변의 아밀라제 양이 감소되었다.

해리슨과 로렌스[250]는 29명의 진성 당뇨환자들의 경우, 대부분이 심하거나 치료받지 않은 경우였는데, 14명이 혈액 아밀라제 함유량이 현저히 낮았던 반면, 15명의 경우는 혈액 아밀라제 값이 낮거나 정상 범위의 최저한도 정도였음을 보고하였다.

카메론[251]은 소변 아밀라제 함유량이 진성 당뇨의 경우 정상이나 정상 이하로 나타남을 관찰했다.

카메리노에 있는 병리학 연구소의 파가넬리[252]는 심한 당뇨의 경우에는 대변의 아밀라제 함유량이 극히 작았고 가벼운 당뇨의 경우에는 변화가 거의 없다고 보고했다.

바슬러[253]는 3,000명 이상의 십이지장의 내용물을 검사하여 쓸개-방광염으로부터 수술적 분리가 가능하다는 것과 당뇨병에 있어서 인슐린의 적합성을 결정하는 것이 가능하다는 것을 알아냈다. 그가 발견한 당뇨환자들의 경우 86% 이상이 십이지장액에 아밀라제가 결핍되어 있었다. 슈메렐[254]은 당뇨환자의 소변에는 아밀라제 함유량이 낮다고 주장했다.

피론[255]은 당뇨병의 경우 소변의 아밀라제 함유량이 감소된다는 것을 관찰했다.

윈하우센[256]은 40명의 당뇨환자들의 소변에는 아밀라제 함유량이 상당히 줄어 있음을 측정했다.

브링크와 굴조우[257]에 따르면 진성 당뇨의 경우 혈액 아밀라제 함유량이 감소된다.

루이스와 메이슨[248]은 당뇨가 심한 경우 매우 낮은 혈액 아밀라제 함유량을 가질 수 있음을 조사했다.

당뇨환자의 혈액과 소변의 아밀라제 활성이 증가한 것과 관련된 수많은 보고들이 있으며, 당뇨에 걸린 유기체는 질병 초기의 보상기간동안 혈액 아밀라제 함량의 상승을 허용하는 듯하다. 혈액 아밀라제 함량이 내분비에 의한 통제에 민감하다는 사실은 증명되었다. 라이드와 마이어스[140]; 라이드와 나라야나[259] 그리고 코헨[260]은 인슐린이 사람 및 정상적인 토끼와 개에서 혈액의 아밀라제 함량을 낮추는 것을 보여주었다. 라이드, 퀴그리, 마이어스[261], 그리고 마코비쯔와 휴[262]는 췌장을 제거한 개들에 있어서 인슐린이 혈액 아밀라제 함량을 수술 전 또는 그 이상으로 증가시킴을 보여주었다.

오텐스타인[263]의 검사에 의하면, 마른버짐, 피부 간찰염dermatitis intertriginosa, 그리고 소양증을 포함한 피부 질환의 절반 가량은 낮은 혈액 아밀라제 값을 보여주었다. 가장 낮은 값은 당뇨병에서 발견되었다.

게리와 소모기[264]는 담낭염과 당뇨병에서 낮은 아밀라제 함량치를 측정하였다.

엑하르드트[116]는 소변의 아밀라제 함량이 당뇨병, 위장 이완증, 위장 무산증, 선단동통증vegetative neurosis, 영양장애의 경우 특히 감소하는 것을 발견했다.

모라비토[129]의 검사에 의하면 혈액과 소변의 아밀라제 함량이 영양불량(음식 중독, 영양실조, 만성 소화질환)으로 고통받는 아기들에게서 보통 낮았다.

퍼니스[265]는 영아가 영양불량일 때 혈액 아밀라제의 수준이 낮은 것을 관찰했는데, 감소 정도는 질환의 심각성과 비례하여 나타났다. 그는 혈액의 아밀라제 수준이 영아에 있어서 병의 심각성을 측정하는데 유용하다고 믿고 있다. 영양실조에서 낮았고 급성 소화 불량과 중독에서는 극히 낮았다.

라슈밀레위쯔[266]는 혈청의 아밀라제 농도를 알아보려고 간질환으로 고통받는 40명의 환자를 검사했다. 환자들 중 32명이 황달이 있었다. 카타르성 황달, 황달과 함께 담즙 방광염인 경우, 이질 후 간염, 급성 담즙 방광염, 만성 담즙 방광염도 있었다. 간과 쓸개- 방광 질환의 경우, 특히 오래되었을 때는 혈청 아밀라제 함량이 반드시 낮았다. 간 기능과 함께 환자의 일반적인 상태가 개선됨에 따라 혈액의 아밀라제 등급의 상승이 동반되었다는 것을 그는 특히 중요시했다. 반면에 *간질환이 점진적으로 나빠지는 증상은 아밀라제의 수준을 더욱 낮게 만들었다.*

쿠즈네트조프와 미카일로바[267]는 어떤 유형의 담즙 방광염과 담즙 결석증은 십이지장액의 감소된 활동과 연관되지 않는다고 서술했다. 중증의 경우에는 연관이 되었다. 간염hepatitis parechymatosa에서는 십이지장액의 효율이 낮아졌다. 이러한 감소는 불식성 경변증atrophic cirrhosis에서 가장 관심을 끈다. 췌장암에서는 소화력의 감소와 함께 십이지장액이 현저히 감소한다. 이 연구자들은 대부분의 당뇨환자들이 유사한 조건들을 보여주며 대장과 위장 질환에서도 마찬가지라는 사실을 발견했다.

전분 분해활성과 트립신 활성 저하의 증거가 되는 십이지장 분비과다증은 췌장 괴사증, 담석증 그리고 담낭염의 경우에서 버거와 그의 동료들[268]에 의해 발견되었다.

게리[267]는 간과 담낭 질환, 십이지장궤양 그리고 암의 경우 사람의 대변에서 아밀라제 함량이 상당히 감소한다고 보고했다. 폴랜드와 불룸필드[181]는 펩신 배출량이 매우 낮은 것이 산도가 낮은 것보다 위장 손상을 나타내는 보다 세밀한 지표라고 믿었다.

워커필드와 맥코겐[235]이 보고한 수치에 따르면, 위암과 담낭 질환에서 혈청 아밀라제의 양은 상당히 낮아진다.

슈멘스키와 게링[270]은 히스타민과 뉴트랄 레드에 음성 반응을 보이는 완전한 무산증에서 레닌과 펩신은 보통 감소되었거나 전혀 없다고 조사했다.

프로브스타인, 그레이, 그리고 휠러[271]는 아홉가지 사례의 급성 천공 궤양을 보고하였는데, 모두 수술이나 사후 검진에서 얻었다. 4개의 사례에서는 궤양은 췌장이 관련되었고 이때 혈액 아밀라제 함량이 상승되었다. 궤양이 췌장 가까이에 있지 않은 5건의 사례 중에서 2건은 정상범위 이내, 3건은 확실하게 정상 이하였다.

몇몇 연구자들은 담낭 질환과 십이지장궤양에서 혈액 아밀라제 함량이 증가되고, 십이지장궤양에서는 펩신 분비가 증가됨을 발견했다. 이 질환들의 초기 단계에서 효소 값의 상승이 수반된다는 것은 상상하기 어렵지 않다. 혈액의 효소 함량과 위액이 궤양과 담낭 질환에서 종종 높아지는 것에는 특별한 이유가 있다. 소화 장애에 알칼리 약을 주는 것은 보편적 처방이다. 소화불량에 알칼리를 쓰면 과도한 분비를 유도할 수 있음은 잘 알려져 있다. 위장에 알칼리가 있으면 염산과 펩신의 분비를 자극한다. 일리노이즈 대학교 의대의 스미띠즈는 *알칼리의 남용*을 격렬히 *비난했다.* 많은 유능한 의사들은 악순환을 만들어 낼 위험 때문에 처방도 없이 그들을 사용하는 것에 대하여 경고하고 있다. 소화불량의 초기 단계에서 알칼리 사용은 위장과 혈액 속의 효소 함량을 늘리지만, 고갈기에 이르면 효소는 낮은 값으로 떨어지리라는 것은 상상할 수 있고 가능한 일이다. 나는 많은 확증을 가지고 있는데, 이런 많은 염류들이 효소 분비의 탁월한 자극제임이 증명되었다는 것은 사실이다. 따라서 담낭, 간, 그리고 위장 질환에서 가끔 보고되었던 상승된 효소 값은 자발적인 것이라기 보다는 유도된 것일 것이다.

퀼러[272]는 소화불량에 시달리는 305건의 사례에서 십이지장 함유물을 검사하여 확보된 결과를 표로 만들었다. 26%의 사례에서 아밀라제가 결핍되었다; 리파아제는 13%; 프로테아제는 17%였다. 많은 경우, 구강 전분 내성이나 당분 내성 검사는 세 가지 효소의 값이 정상이었음에도 불구하고 평평한 혈액 당분 곡선을 나타냈다. 슈크라제와 말타아제를 포함한 소장 효소 중 몇몇이 결핍된 듯한데, 이 경우 탄수화물 흡수 이후 평평한 혈액 당분 곡선을 나타내는 탄수화물 신진대사에서 결함을 설명하기가 쉬워진다. 불행하게도 일련의 사례에서 소장 분비액의 효소 함량에 관하여 관찰한 기록은 없다.

위의 증거들을 평가해 보면, *한 유기체의 효소 함량이 종종 병리학적 현상으로 이끄는 정도의 엄청난 스트레스에 매일 종속되어 있음*은 의심의 여지가 없다. 소수의 연구자들이 유기체 내에서 효소 결핍 가능성을 심각하게 고려한 것은 극히 최근의 일이며, 묻혀있던 영역에 빛을 비추고 있다는 견지에서 연구를 수행하고 있다. 이전에는, 주로 췌장의 장애와 악성질환을 진단하고 혈청에 아밀라제 양이 너무 많아서 과도히 글리코겐의 용해를 일으켜 당뇨병을 일으키는지를 측정하는데 주로 효소 검사법이 시행되었었다.

그러나 최악의 당뇨병의 경우 전분 분해 활성이 매우 결핍되었고, 아밀라제의 투여는 소변에 분비된 당분양의 감소를 수반하므로 당뇨병은 혈청의 전분 분해 활성의 증가를 근거로 설명될 수 없다는 것이 곧 분명해졌다. 초기 연구자들은 신체의 과도한 효소 활성은 어떤 질병의 상태를 지시해주고 있다는 생각을 가지고, 이러한 신조 아래 그들의 연구를 수행했다. 초기 시도들의 좌절은 이제 *효소와 질병 사이의 관계를 선입견 없이* 조사하도록 하는 결과와 함께, 어떤 근본적 개념의 형성으로 결정화된 '자연에서의 효소의 진정한 역할'에 대한 더 나은 통찰력을 갖게 하였다.

14장 건강한 사람과 병자에 있어서의 효소의 보조적 역할

"식물성 효소와 동물성 효소의 역할은 동일하다"

대부분의 연구자들은 췌장 기능의 결함이 있음을 가정함으로써 혈액과 체액에서의 효소 함량의 저하를 설명하려고 한다. 즉 췌장이 고갈되고 정상적인 효소 수준을 유지하지 못하기 때문이라는 것이다. 아이비 교수[273]는 노스웨스턴 대학에서 행해진 중요한 작업을 요약하면서 다음과 같이 말했다: "외부로의 췌장의 분비가 결핍되는 것은 현재 믿어지고 있는 것보다 더 자주 발생된다고 추측된다". 그러나 나는 제시된 사실들을 상세하게 연구해 보면 *효소 결핍*이 췌장 또는 다른 어떤 효소 분비 기관의 고갈 때문이 아니라 조직에서 기인한 하나의 조건으로서 그리고 *궁극적으로는 장기간 화식을 함으로써 F-자임을 섭취하지 못한 것과 관련된* 조건 때문이라고 충분히 결론지을 수 있다고 확신한다. 췌장이 효소 공급에서 단지 부수적인 기관에 불과하다는 것은 실험적인 췌장절제로 인하여 혈액 효소가 감소된 경우라도 인슐린 주사 후에 수술 전 단계, 심지어는 그 이상의 수준까지 급격하게 상승하는 결과를 나타낼 수도 있다는 사실을 알게 됨으로써 분명해진다. 적정한 수단만 동원되면 그런 동물들도 괜찮은 건강을 수년간 유지하며 살 수 있다. 이 효소들은 어디에서 오는가? 내분비 호르몬의 영향으로 체내의 효소는 정상적으로 현재의 응급상황에 따라 사용되기 위하여 이동된다고 보아야 한다.

아이비, 오엘고에츠, 볼디레프를 포함한 연구자들은 혈액이나 소화액의 효소량이 적은 것을 본질적으로 췌장이 역할을 다하지 못한 탓으로 돌렸으나, 문헌들은 *췌장은 단지 중간자적 또는 부수적인 역할을 했을 뿐임과 그러한 실패와 소진은 유기체의 조직들의 탓*이라는 것을 뒷받침하고 있다고 나는 믿는다. 최근에는 유기체가 췌장 없이 살 수 있으며 인슐린과 알맞은 먹이가 주어진다면 혈액의 효소 등급은 재빨리 정상이 됨이 당연시되고 있다. 여러 연구자들에 의해 확인된 이 관찰은 젊은 유기체에 있는 다른 기관이나 조직들이 췌장에 의해 행해지는 많은 일들을 대신할 수 있다는 확신을 갖게 하고 있다.

볼게머뜨[33]는 혈액의 아밀라제는 췌장에서뿐만 아니라 장, 타액선, 간, 근육, 그리고 신장에서부터 유입된다고 진술하였다.

토론토 대학 생리학 실험실의 마코비츠와 휴[274]는 16마리의 개에서 췌장을 제거하여 혈액 아밀라제의 일정한 큰 감소가 있었음을 보여주었다. 그러나 췌장이 제거된 세 마리의 개는 인슐린에 의해 혈액 아밀라제가 *정상*인 채로 여러 달 살아 있었다.

라이드, 퀴그리와 마이어스[261]는 췌장을 제거한 6마리의 개를 가지고 마코비츠와 휴의 발견을 확증했다. 췌장 제거 후에 처음 며칠 동안에는 혈액 아밀라제가 떨어졌다. 그러나 동물이 인슐린에 의해 계속 살아있으면 그것은 증가하며 수술 전보다 더 높아질 수도 있다. 인슐린 처치를 중단하면 어김없이 혈액의 전분 분해 활성이 현저히 감소되었다.

밀라[275]는 개의 췌장 도관을 묶으면 24시간 내지 36시간 이내에 혈청과 소변의 아밀라제 양이 10배 내지 20배 증가됨을 발견했다. 10일 내지 15일 후에는 아밀라제 양이 정상으로 돌아갔다.

토끼의 췌장 도관을 묶었더니 혈청 아밀라제가 증가되었다가 분비선이 위축되면서 정상으로 돌아왔다. 가이다[276]는 혈액 아밀라제 모두가 췌장에서 나오는 것은 아니라고 믿었다.

예일 대학교 약학대 수술 및 병리학과의 존슨과 와이즈[277]는 6마리 개의 췌장 도관을 묶으면 혈액 아밀라제 양이 약 20배 이상 급격히 증가된 후 12일 동안 점차 감소됨을 관찰했다. 주커와 그의 동료들[278]에 의하면 췌장 도관이 묶인 동물들은 2~3일 동안 혈청 아밀라제가 점차 증가하다가, 수일 내로 거의 정상가로 급격히 떨어지고, 정상의 절반 값으로 천천히 떨어졌다.

피에싱거와 동료들[279, 280]은 개의 췌장을 절개한 후 15일 동안 혈청의 리파아제 양이 별로 변하지 않음을 보았다.

쭈지무라[281]에 따르면 토끼나 고양이의 췌장을 절개하거나 토끼에게 인슐린 주사를 하는 것이 인슐린에 대한 반응으로 리파아제 값이 오를 때 변화가 유도되지 않는 한 혈액의 리파아제 양에 영향을 미치지 않았다.

반면 췌장 도관을 묶으면 아밀라제의 증가와 더불어 리파아제와 에스터라제의 증가가 유발된다[282].

따라서 체액의 효소량이 정상가보다 낮은 것을 췌장의 결함 탓으로 돌릴 근거가 없는데, 이는 유기체의 젊은 조직이 정상 수준을 재구축할 수 있음을 볼 수 있고, 그러한 보완이 사람에게서 계속 작용하고 있다는 증거가 있기 때문이다. 췌장 전체가 없어져도 동물의 혈청 리파아제 수준이 낮아지지도 않고 혈청 아밀라제 등급이 정상으로 돌아가는 것을 방해하지 않기 때문에, 사람의 췌장의 이상으로 종종 관찰되는 체액의 효소량 결핍을 설명하려는 것은 비과학적이며 용인될 수 없는 것인데, 그 이유는, 가장 심한 경우에서조차 사람의 췌장은 상대적으로 많은 양의 정상 조직을 포함하고 있기 때문이다.

병리학 연구는 증상의 정도에 비례한 췌장에서의 질병과정을 밝히는데 실패했다. *실험 동물의 조직은 췌장이 완전히 제거되어도 정상혈청 효소 수준을 유지할 수 있는데, 췌장이 정상적인 경우 어째서 사람의 혈청 효소 수준이 유지될 수 없다는 것인가?*

15장 담즙 누관과 췌장 누관의 상대적 사망률

"인체내 효소량과 질병은 상관관계가 있다"

존스 홉킨스대학의 펄 교수[283, 284]는 수명에 관한 그의 고되고 중요한 실험을 다음과 같이 요약했다: "일반적으로, 수명은 살아가는 동안의 에너지 소비 속도에 반비례하여 변한다. 간단히 말해, 수명은 살아가는 속도 the rate of living에 반비례한다."

동물 생명의 효소 의존율을 측정하는데 있어서 편리한 관찰은 실험과정 동안 효소들이 적절히 배열된 누관에 의해 지속적으로 소모되었을 때 건강과 생명에 미치는 영향을 기록하는 것이다. 전적으로 몸에서 나온 분비물을 운반하는 췌장 누관은 대량의 지속적인 효소 손실을 견디는 유기체의 능력을 조사하는데 가장 좋은 수단이 된다.

몸으로부터 췌장 효소를 완전히 빼낸 후 건강이 손상되지 않는다면 효소는 생명 유지에 중요하지 않다고 해석될 수 있다. 그러나 건강이 점진적으로 나빠지고 결국 죽음에 이른다면 도달할 수 있는 유일한 결론은 그 실험이 *생명 자체와 효소간의 불가분의 관계*를 보여준다는 것이다.

조직에서 췌장액을 완전히 꺼내는 연구는 개에다 췌장 누관을 꽂아서 행해졌다. 급속하고 지속적으로 쇠약해지면서 한 두 주 안에 예외없이 죽음에 이르렀다. 알칼리 저장고를 유지하기 위해 특별한 주의를 기울였을 때, 생명은 약 한 달로 연장되었다. 죽음은 보통 염기의 손실 탓이다. 그것이 사실이라면 담즙 누관은 왜 마찬가지로 치명적이지 않은가? 체액과 염류의 손실은 담즙 누관에서도 생긴다. 내가 배워온 바에 의하면 사람의 췌장 누관에서의 예후 prognosis는 담즙 누관에서의 경우보다 훨씬 더 위험하다는 것이 경험있는 의사들의 일반적인 견해이다. 췌장 누관과 담즙 누관 사이의 가장 중요한 차이점은, 그들이 생명에 미치는 영향을 고려할 때, 췌장 누관에서는 지속적인 *효소 손실*이 있는 반면, 담즙 누관에서는 그런 일이 없다는 점이다.

콜프[285]는 인간의 외부 십이지장 누관 61건을 분석하여 사망률이 평균 51%에 이르름을 발견했다. 그는 체액 손실만으로는 효소를 포함하는 분비물의 손실과 함께 일어나는 급격한 쇠약함을 설명할 수 없다고 생각하는데, 이는 몸에 충분한 체액이 공급되어도 계속 나빠지기 때문이다.

버그와 주커[286]는 개의 장에다 외부 누관을 꽂아 췌장즙을 제거하였는데 7일 내지 56일 사이에 죽음에 이름을 보고했다. 다양한 기간에 걸쳐 췌장즙이 소실된 이후 개들은 식욕을 잃고 체중이 급속히 감소되면서 현저하게 약해지고 무감각해지고 피가 섞인 설사를 하다가 마침내 죽고 말았다.

라카[287]는 십이지장즙과 담즙의 지속적 손실이 개의 생명을 위태롭게 하지는 않는 반면 췌장 분비물의 완전한 손실은 틀림없이 단명으로 이끄는 것을 관찰했다.

맥코핸[288]의 실험에 의하면 신체에서 췌장즙을 완전히 제거하면 5일 내지 8일 사이에 개가 죽는다. 죽음에 앞서서 탈수, 허약함, 식욕 부진, 구토 등이 일어났다. 검시의 결과는 예외 없이 음성이었다. 구강으로 즙 전량을 투여하면 현저한 변화가 일어나 빈사 상태의 개가 수 시간 내에 정상이 된다.

위스콘신 대학 생리학과의 헤린[289]이 행한 실험에서, 티리 누관을 꽂은 7마리의 개에게서 내장 팽창에 반응하여 수크스엔터리쿠스의 손실이 계속되어 화학 조성에 변화가 일어남이 관찰되었다. 염소와 고정화된 염기는 감소되었고 중탄산염은 다량 증가하였다. 혈청에서는 염소 26%, 중탄산염 20%, 고정화된 염기는 10%가 감소되었다. 순환계 이상에 이어 식욕부진 혼수상태 그리고 사망에 이르는데 약 4일이 걸렸다.

월터즈, 킬고어, 그리고 볼만[290]은 충분한 양의 물에 소금이 더해지고 그 용액을 실험 누관에 매일 2회 공급하면 생명이 3주 가량 연장될 수 있음을 관찰했다. 이 기간 동안 혈액의 염소는 정상 수준까지 올라가고 혈중의 비단백질 질소의 축적이 예방된다.

보틴의 개에 대한 실험에서 췌장 분비물의 완전한 손실은, 세심하지 않은 테크닉을 사용한 이전의 관찰에서 8일 이내에 죽었었던 것에 비하여, 21일 내지 40일 이내에 죽음을 초래하였다.

담즙 누관에 관하여서, 호킨스와 위플[292]은 담즙 누관을 꽂은 개의 음식과 건강상태를 잘 살펴주면 여러 달 또는 여러 해를 정상 상태로 유지시키는 것이 가능하다고 보고했다. 신장 유형의 담즙 누관을 가진 개들은 호킨스와 위플의 실험실에서 수년간 완벽한 건강을 유지하였다.

터프스 의과대학의 탠하우저와 그의 동료들[293]이 어떤 특별한 식이요법이나 조처가 없는 상태에서 완벽한 담즙 누관 생성을 위해 시술한 12마리의 개의 경우 생존 기간은 평균 6주였다.

헤이만[294]은 6주 내지 7주된 세 마리의 강아지에 담즙 누관을 설치했다. 수술 후 4~6주 동안 느린 비율이지만 체중이 계속 증가되었고, 그 후 점차 체중이 줄어 마침내는 악액질 惡液質과 사망에 이르렀다. 식이요법이나 조처 등에 있어서 특별히 주의를 기울이지는 않았다.

하웰[42]은 담즙 전체를 외부로 내보내는 환자들이 여전히 상당한 건강을 유지할 수 있다는 것은 흥미로운 생리학적 사실이라고 진술한다.

아무리 잘 돌보아도 *췌장즙의 지속적인 손실은 급격한 사망에 이르게 하지만*, 한편 담즙의 완전한 손실은 상당한 건강을 유지할 수 있다는 점은 지적되어야만 한다. 췌장즙의 손실의 치명적인 결과가 여러 가지 면에서 정상적인 건강을 위해서 필요한 효소를 희생시키게 된다는 설명을 대신할 만한 것은 없다.

16장 저항력과 수명에 대한 효소 포텐샬의 관계

"비타민만으로는 퇴행성 질환을 억제할 수 없다"

과거에는 생기력vital force을 측정하고 판별하는 물리적 수단이 없었다. 생기란 존재가 있다고 과학이 인정할 수 있었지만, 그 본성의 애매한 형상 이상을 보여줄 수 없었다. 생기와 생명에너지를 만질 수 없는 힘으로 더 이상 간주할 수 없다. 가용의 증거는 살아있는 유기체 안에서 작용하는 생기력에 대한 허무적인 태도를 안이하게 이어가는 것을 정당화하지 않는다. 복잡한 현상을 단순한 통합적인 단일체로 축소시키는 것이 과학의 동인이다. 효소는 생기에 대한 진정한 잣대로 떠오른다. 효소는 유기체의 활기를 측정하는 유일한 수단을 제공한다. "생기", "생기력", "생기 에너지", "생기적 활동", "신경 에너지", "담력", "힘", "생기적 저항", "생명에너지", "생명", "생명력" 등으로 언급되었던 것들은 아마도 "효소 활성", "효소 값", "효소 에너지", "효소 활력", "효소 양"으로 알려진 것들과 동의어가 될 수 있다. 가용의 증거는 더 이상의 지체를 허락지 않고, 애매하고 이해할 수 없도록, *생명력 또는 활성으로 알려지고 있는 것을 구체적이고 측정할 수 있는 효소 단위로 정의 내릴 것을 요구한다.* 내가 제시하는 증거들 앞에서 인간의 행동에 광범위하게 그리고 깊게 관련된 일들에 대해 비지성적이고 불확실한 태도를 계속 유지하는 것은 비과학적이다.

내가 제시하려고 하는 자료들은 우리가 생명에너지 또는 생기로 알고 있는 것의 진정한 본성을 보여줄 것이며, 이러한 에테르적인 실체를 차원적 비율로 축소시킬 것이다. 과학자는 사실을 관찰하고 측정하는 사람일 뿐 아니라, 그의 작업이 건설적인 가치를 갖기 위해서는 사실을 조합할 의무가 있다. 그렇지 않다면 돌산처럼 쓸모 없고 무력한 존재일 수밖에 없다.

유기체 안에서 생기의 결과를 조절하는 많은 요인들이 갖는 영향을 보여주는 증거는 그 자체를 여러 그룹으로 배열한다:

1. 온도가 신진대사의 속도와 수명에 미치는 효과: 변온 생물에서는 온도가 높을수록 신진대사가 활발해지고 수명은 짧아졌다.
2. 활동량이 수명에 미치는 효과 : 심장 박동율을 높이면 수명이 짧아진다.
3. 음식물 섭취량이 수명에 미치는 효과

냉혈동물들이 고온에 노출되면 매우 활동적이 되고 금방 쓰러진다는 것은 생물학자들 사이에서 흔히 관찰되는 일이다. 저온에서 그들은 굼뜨지만 훨씬 오래 산다. 효소 활동도 유사하게 온도 상승에 따라 증가된다고 알려져 있으며, 상승된 온도에서 유기체의 효소 함량은 좀더 급격히 사용되고 따라서 생명은 좀 더 빨리 끝난다는 증거가 있다. *온도 상승과 함께 신진대사량이 증가되는 것은 증가된 효소 활성에 근거해서만 설명될 수 있다. 효소 고갈 속도가 증가되면 수명이 단축된다.* 질병이 없고 음식 공급이 충분하다면 죽음은 오직 효소 고갈 탓이다; 그리고 남김없이 고갈되어야 할 필요는 없다는 증거가 있다.

몬타나 농업 실험국의 페퍼[295]는 밀가루에 꾀어드는 벌레인, 트리볼리엄 컨퓨섬 *Tribolium confusum*을 가지고 48도씨에서 10시간 두고 1시간 간격으로 카탈라제를 10번 측정했다. 그 결과 효소는 점차 활성이 줄어들었으나 급격한 변화는 없었고 완전히 사망한 후까지 이런 경향이 지속되었다. 페퍼는 곤충들이 고온에 노출되면 처음에는 매우 활동적으로 변하고 그 후에는 점차 움직임이 둔해져 죽은 듯이 보인다는 것을 관찰했다.

나는 *48도씨가 결정적인* 온도임을 알아냈다. 인간 피부는 47도씨에서 여러 시간 견딜 수 있다; 48도씨는 점진적으로 불편한 자극을 주는데, 반면 49도씨는 표피 화상을 일으킨다. 또한 효소 함량이 특정 값보다 줄어들면 씨가 발아하지 않음을 알아냈다.

마키스 밀 종자를 물에 12시간 불린 후 수조에서 다양한 온도에서 1시간 30분을 가열했다. 각 그룹에는 50개씩의 종자들이 있었다. 가열 후 젖은 압지 사이에서 발아하도록 했다. 나는 다른 종자들을 사용하여 유사한 실험들을 여러 번 했다. 항상 결과가 비슷했다. 50개 중 발아한 종자의 숫자는 다음과 같다.

온도(화씨°F)	발아한 숫자
가열하지 않음	43
118	34
122	25
126	15
129	없음
133	없음

곤충들을 각기 다른 온도에서 건사하면서 수명을 측정했을 때 신진대사를 항상시키고 수명을 짧게 하려고 온도를 약간 상승시킨 영향은 재미있는 방식으로 나타난다. 록펠러 의학 연구소의 러엡과 놀뜨롭[296]은 무균상태인 초파리 *Drosophila*를 여러 온도에서 건사했다. 다음의 표는 수명을 날짜로 나타낸다.

온도(℃)	애벌레 상태(일)	번데기 상태(일)	성충(일)	알에서 사망에 이른 총 시간(일)
10	57.0	-	120.5	177.5
15	17.8	13.7	92.4	123.9
20	7.77	6.33	40.2	54.3
25	5.83	4.23	28.5	38.5
30	4.12	3.43	13.6	21.15

데라오와 다나까[297]는 물벼룩인, *Moina Macrocopa Strauss*를 여러 온도의 배양 배지 25밀리리터를 담고 있는 유리병에 각기 보관하여 그 수명을 다음과 같이 보고했다.

온도(℃)	수명(일)
15	14.36
21	9.28
27	6.5
33	4.7

토론토 대학 생물학과의 맥아더와 베일리[298]는 *Daphnia Magna*의 경우 온도가 장수에 미치는 영향을 측정하여 다음 결과를 얻었다:

온도(℃)	수명(일)
8	108.2
10	87.8
18	40.0
28	25.6

수컷의 수명은 28도씨 21.9일에서 8도씨 107.9일로 늘어나 492% 길어졌다. 암컷의 수명은 29.2일에서 108.4일로 373% 연장되었다. *수명은 8도씨와 28도씨 사이에서 온도와 반비례하여 달라진다.* 온도계수는 12.2이고 이는 대부분의 화학 반응들에서의 근사값을 저자가 기록한 것이다. 성별과 온도가 수명에 미치는 영향은 평균 수명이 유전적 차이 없이 신진대사율에 의해서 주로 측정된다면 예측되는 바와 같다.

달걀의 부화기간 동안 열량계로 에너지 신진대사를 주의 깊게 측정한 사람은 미국 농업국의 베렛[299]이다. 온도와 습도, 이산화탄소, 산소 함유량들을 조절한 상태에서 각기 다른 온도에서 부화에 필요했던 시간은:

온도(°F)	부화에 걸린 시간
96	23일, 13시간
98	21일, 13시간
99	20일, 20시간
100	20일, 5시간
102	19일, 11시간
103.5	19일, 4시간

병아리의 외관은 온도에 따라 다양하였다. 화씨102도에서 그들은 99도나 100도에서만큼 크거나, 털이 많거나, 활기차지 않았다. 고온에서 부화된 병아리에게서는 굽은 목, 빼쩡다리 등과 같은 많은 기형이 나타났다. 베렛의 광범위한 도표에 따르면, 열의 소실, 이산화탄소 소실, 산소 소비 등을 측정한 결과 결론적으로 신진대사 활동이 온도가 높아질수록 속도가 빨라진다는 것을 보여주었다. 더 높은 온도는 더 많은 에너지를 소비하는 신진대사를 야기시키고 결과적으로 병아리의 발육과 부화를 좀 더 빨리 일어나게 했다.

존스 홉킨스 대학 생물학 연구소의 펄[300]은 멜론 묘목으로 한 실험에서, 생장기의 호흡과정에서 이산화탄소를 상대적으로 많이 내뿜고, 성장하는 동안 상대적으로 많은 양의 건조물질과 물을 대사하는 묘목은 성장기에 건조물질과 물을 상대적으로 적게 대사적으로 전달하는 묘목보다 전체적으로 보아 단명함을 보여주었다. 상대적으로 오래 사는 식물은 단명하는 식물보다 더 늦은 속도로 살았다.

고웬[301]은 초파리*Drosophila melangogaster*의 네 집단에서 이산화탄소 생산량과 수명이 반비례함을 관찰했다.

펜실베니아 대학 동물학 실험실의 보다인[302]은 메뚜기인*Chortophaga viridifasciata*, 감자 벌레인*Leptinotarsa dacemlineata*, 그리고 개똥벌레에서의 이산화탄소 방출량과 카탈라제 함량을 나타내는 곡선이 근사적으로 평행이며, 같은 방향으로의 변이를 나타낸다고 측정했다.

맥아더와 베일리[303]는 *Daphnia Magna*의 암컷에서 온도를 8도씨에서 28도씨로 변화시키면 심장 박동율이 412% 증가되고, 시안화칼륨에 대한 직접적인 감수성이 435% 증가되었으며, 수명이 423% 단축됨을 관찰했다. *암수 모두에서 평균 신진대사율이 증가되고 낮아짐에 따라 수명이 줄어들고 길어졌다.* 초당 평균 심장 박동 율은 다음과 같다.

온도(℃)	심장 박동율(초)
8	1.69
18	4.26
28	6.84

위 저자의 말을 인용하면: "관찰된 수컷의 수명은 관찰된 신진대사율이 암컷의 것을 초과하는 만큼 같은 양으로 암컷보다 짧았다. 거의 동일한 숫자의 심장 박동율, 약 15,400,000번이 온도와 성에 관계없이 물벼룩의 생애동안 측정되었다. 이 유기체는 그날 그날의 명백한 할당이 아닌 "활력"의 특정 총량을 받는 듯했다. 유기체의 노화를 결정하는 것은 에너지 소비율, 또는 삶의 속도이다. 수명은 신진대사의 집중도와 반비례한다. 생명은 이화작용의 속도 또는 일반적으로 표현되는 것처럼 닳아서 낡아지는 속도로 그의 타고난 기간에 이르기까지 자신의 *과정을 달려간다*.

뉴욕 의학 아카데미에서의 연설에서 펄 교수는 죽을 때까지 관찰한 백인 남자들 두 집단(각 집단은 193명)의 특정 성격을 비교했다. 한 집단은

다른 집단보다 평균적으로 26년 더 오래 살았다. 오래 산 집단이 가지는 중요한 차이점은:

1. 분당 맥박율이 4번 적다.
2. 체중이 2.7 킬로그램 가볍다.
3. 숨을 내쉴 때 가슴둘레 치수가 더 적다.
4. 배꼽을 중심으로 한 허리 둘레가 더 적다.

펄에 의하면, 삶의 절대 길이가 길어졌다는 것은 사실이 아니다. 실제로는 40년 전과 비교할 때 70대의 요즘 사람들은 90세까지 사는 사람들이 더 적다. 오늘날 수명이 늘어난 것은 영아와 유아 사망률이 줄었기 때문이다.

앨버고[304]는 대체로 건강이 양호한 59세에서 85세 사이의 22명의 기초 대사율을 연구하였는데, 22세에서 40세 사이의 5명의 정상 대조군의 평균과 비교해 볼 때 대부분 경우 대사율이 더 낮음을 발견했다. 식후에 대사가 증가하는 것은 중년의 경우보다 노년의 경우 비슷하게 낮았다.

맥케이[305]는 장기간의 쥐 실험을 통해, 장수와 최대 성장은 양립하지 않는다고 믿는다.

맥레스터[306]는 대부분의 생리학자들이 소위 개선된 영양과 관련한 증가된 성장속도를 전체적으로 바람직한 것으로 간주한다는 점을 지적했다. 캘리포니아에 사는 중국인과 일본인들의 신장이 커진 것이 음식이 더 풍부하기 때문이라고 한다. 최근 네 개의 여자 대학인, 바살, 웨슬리, 스미스, 마운트 홀리욕-에서 수행된 연구는 학생이었던 사람들의 딸들이 엄마들보다 1⅛인치 가량 더 큰 것을 보여주었다. 버나드의 1935년 졸업생들의 평균 신장은 1925년 졸업생보다 ½인치 더 크다. 또한 위스타 연구소의 백색종 쥐들은 20년 전보다 더 무거웠다[307]. 이는 음식 공급이 개선되고 풍부해졌기 때문이라고들 한다.

영아들의 체중이 늘어나고 성인의 신장이 향상된 것이 건강이 좋아진 증거라는 일반적인 믿음은 과학적으로 입증된 것은 아닌 것 같다. 사실 반대의 결론을 보여주는 증거들이 있다. 록펠러 의학 연구소의 노드롭[308]은 부적절한 먹이 공급을 통해 무균 상태인 초파리의 유충 단계를 연장시켜서 전체 수명이 19.3일에서 28.9일로 늘어남을 관찰했다. 유충 단계는 8일에서 17일로 늘어났다.

적절하게 (영양분을) 보충한 합성사료(근본적으로 효소가 없는)를 사용하면서 코넬대학의 동물 영양 실험실의 맥케이와 동료들(1)은 106마리의 흰 쥐를 세 집단으로 나누었다.

제 1 집단은 먹고 싶은 대로 먹였다.
제 2 집단은 이유 시기부터 먹이 공급을 제한했다.
제 3 집단은 이유 이후 2주 동안 정상적인 성장이 되도록 충분히 먹이를 주고 나서 제 2 집단과 마찬가지 방법으로 제한시켰다.

수컷 쥐의 평균 수명(일)

제 1 집단 - 무제한 먹이 섭취	483일
제 2 집단 - 제한된 먹이 섭취	820일
제 3 집단 - 부분적으로 제한된 먹이 섭취	894일

코넬의 연구는 장기간의 연구 중 일부분으로 약 10년 전에 시작하여 지금도 진행 중이다. 나는 이 연구를 검토한 후, *효소 저장량*(나는 이 표현을 생기라는 용어와 같은 의미로 사용한다)을 *좀더 빠른 속도로 끌어내면 좀 더 빨리 고갈될 것이고 결과적으로 수명이 더 빨리 끝난다*는 결론을 어떻게 피할 수 있는지 알 수 없었다.

맥케이와 관련자들은[309] 많은 집단의 송어를 20주 이상 기간동안 단백질이 별로 없는 합성먹이를 주거나 날고기 먹는 것을 제한시키는 등의 방법으로 발육을 방해했다. 단백질이 별로 없는 먹이를 먹은 송어는 단백질 함유량이 많으나 비슷한 합성먹이를 먹인 집단보다 두 배 더 오래 살았다.

브라운 대학과 카네기 연구소의 잉글과 그의 동료들[310]은 *Daphnia longispina*에 대한 연구에서 음식량이 수명과 신진대사 속도에 미치는 영향에 관해 중요한 결론에 이르렀다. 음식은 열처리와 같은 어떤 가공을 하지 않았다. 음식량을 늘리자 심장 속도가 빨라지는 등 신진대사 속도가 높아졌고, 개체의 라이프 사이클이 더 단시간 내에 완성되어졌다. 동물들은 개체마다 25도씨의 영양 배지 100밀리리터 안에서 유지되었다. 굶긴 동물들은 정상 배지에 36배의 연못물을 섞음으로서 아주 영양분이 낮은 상태에서 유지되었다. 잘 먹인 158 개체의 평균 수명은 29.60일: "굶긴" 동물들의 평균 수명은 39.19일로- 약 40% 증가되었다. 태어났을 때 심장 박동 수는 평균 초당 4.68번이었다. 잘 먹인 개체들은 박동 수가 초당 최대 5.46번에 이르러 이후 점차 떨어져서 죽을 때는 초당 3.4번이었다. 굶긴 동물들의 경우, 죽을 때 심장 박동율이 초당 평균 4.38이어서 잘 먹인 동물들보다 초당 거의 한 번 더 뛰었다. 이는 굶긴 동물들의 생기가 아직 고갈되지 않았으며 영양을 적절히 공급하면 좀 더 살 수 있었음을 보여준다.

잉글의 결과들은 수명의 *길이는 유기체가 소비해야 하는 정확히 제한된 에너지 총량에 달려 있으며,* 에너지 한도에 도달했을 때 생명은 정상적으로는 막바지에 이른다는 러브너의 가설과 대체로 일치한다. 따라서 유기체가 에너지 공급을 빨리 소산시키면 천천히 사용할 때보다 빨리 죽음에 이른다. 이러한 러브너의 견해는 의심의 여지를 남기지 않고 다양한 방법으로 확증되었다. 그러나 유기체의 에너지를 추상적인 실체로 남겨 두는 것은 더 이상 필요하지도 않고 바람직하지도 않다. 효소와 생기 에너지가 동일한 것임을 인식하지 못하면 건강, 질병 그리고 수명을 구성하는 것에 대해 분명히 이해하지 못하고, 결국에는 최적의 건강 상태에 대해 해롭다.

유기체의 효소 함유량이 나이가 들어감에 따라 고갈된다는 사실은 각기 다른 나이의 체액이나 조직을 조사해보면 더 확실하다. 완전히 성장이 이뤄진 후 유기체의 효소량은 천천히 점차 감소한다. 효소 함량이 너무 낮아져서 신진대사가 적정 수준으로 진행될 수 없을 때 죽음이 유기체를 삼킨다.

일리노이 대학의 버기와 버기[311]는 호흡 신진대사나 산화가 젊었을 때 증가되고 노년에 줄어드는 것은 *세포 카탈라제*의 증가와 감소 탓이라고 했다. 그들은 콜로라도 감자 벌레의 몸 전체와 알에 있는 카탈라제 함량을 측정하여 다음 결과를 얻었다:

감자벌레 몸/유충	카탈라제 함량
비 수정란	18
수정란	35
갓 부화한 유충	280
¼ 자란 유충	800
절반 자란 유충	1,250
¾ 자란 유충	1,725
완전히 자란 유충	1,750
번데기	1,800
성충 벌레	1,750
늙은 벌레	900

보다인[312]은 성충 메뚜기인 *Chortophaga viridifasciata*, 감자 벌레인 *Leptinotarsa decemlineata* 그리고 개똥벌레에 있는 카탈라제 함량이 나이가 들어감에 따라 감소됨을 관찰했다.

프라하에 있는 찰스 대학 일반 생물학 및 실험 형태학과의 세크라[313]는 나이와 유형이 다른 *Drosophila melanogaster*에 있는 에스터라제 함량을 측정했다. 이전에 펄은 퇴화한 *Drosophila melanogaster*의 평균 수명이 20일이고, 야생종의 평균 수명은 46일임을 관찰했다. 이 초파리의 몸에서 추출한 에스터라제와 프로테아제 함량을 측정해보니 단명하는 퇴화된 종류보다 오래 사는 종류에서 이들 효소들이 상당량 더 많았다. 측정 결과 하루 된 초파리에서 에스터라제 함량이 제일 낮았다. 10일 된 초파리들에서 함량은 현저히 증가하였다. 이후 25일 된 초파리의 추출물에서 에스터라제 함량은 감소를 나타냈고, 그 수치는 갓 태어난 초파리의 것에 근접하였다.

포크, 노이에즈, 그리고 수기우라[314]는 출생 전 3일부터 생후 3년 15일 된 쥐의 추출물의 에스테르 분해 또는 리파아제 작용을 10개의 단순한 에스테르를 이용하여 조사했다. 태아와 가장 어린 쥐에서의 작용이 최소였고 어른 쥐에서 증가되었다. 나이가 들면서 효소 함유량은 줄어들어서 가장 나이 든 쥐는 태아와 같은 양으로 되돌아갔다.

메이어[315]는 여러 연령층의 인간의 타액에 있는 아밀라제 함량을 조사하여 다음과 같은 결과를 얻었다:

	사례 수	평균 아밀라제 값
유아-미숙아	2	26
유아-1 ~ 3일	2	50
영아-7 ~ 18달	2	370
성인-24 ~ 36년	4	1,045

피니지오[316]는 타액에 있는 아밀라제 함량이 유아에서부터 12개월까지 점진적으로 증가됨을 발견했다. 8개월에서 10개월 때 그것은 두배가 되었다. 1살 때는 2살 혹은 3 살 어린이의 것보다 적은 하찮은 양이었다.

시카고 마이클 리스 병원 소화기관 연구과의 메이어와 그의 동료들[317]은 21살에서 31살 사이(평균 25세)의 12명에게서 타액 아밀라제를 측정하여 69세에서 100세 사이(평균 81세) 27명의 그것보다 30배 가량 많은 것을 관찰했다.

독일 콜로뉴의 대학 소아병원의 뢰스케[318]는 혈액 아밀라제 함량이 나이에 달려 있으며 미숙아에서는 특별히 적다고 측정했다.

독일 마베르그 소아병원의 퍼니스[319]에 따르면, 유아의 혈액 아밀라제는 미숙아에게서는 매우 낮으나 나이에 따라 증가한다. 증가는 6개월까지 급속히 일어나고 성인 함유량의 최저치에 도달되는 기간은 1년이다.

모라비토[229]에 의하면 어렸을 때는 혈액과 소변의 아밀라제 양이 어른에 비교해서 소량이 관찰된다.

맥클러와 챈슬러[320]는 어린이 소변의 아밀라제 함량에 대해 다음과 같은 수치를 보고했다:

한 살	0 내지 10.0
두 살	2.5 내지 06.6
셋 내지 일곱 살	0.8 내지 10.0
일곱 내지 열 다섯 살	5.0 내지 20.0

에크하르트[115, 116]는 모든 연령층의 사람에게서 1,200개의 소변 표본을 채집해서 아밀라제 함량을 조사했다. 특별히 낮은 값이 초기 유아에게서 관찰되었다. 모든 연령의 평균치는 대략 20세였다. 청년기에는 10에서 40 범위에 있었으며 노년에는 더 낮아서 8 이하 내지 20 사이였다.

인도 알라하바드 대학 화학 실험실의 다르[321, 322]는 동물의 수명은 본질적으로 동물 몸에 있는 효소의 촉매적 활성에 달려 있다고 믿으며, 그것을 이산화망간이 있을 때 과산화수소의 촉매적 분해가 일어나는 것과 비교한다. 금방 제조한 이산화망간 표본을 사용하면 이는 훨씬 더 분명해진다. 다르는 *노년이란 효소 활동의 감소와 이에 따라 낮아진 신진대사에 기인한다고 여겼다*.

계속되는 증거들을 보면 노화는 날 수나 햇수의 문제가 아니라 조직의 물리적 상태에 온전히 달려있다. 60세 먹은 사람의 신체 특징이 40세 정도이거나 그 반대의 경우는 의사들이 흔히 경험하는 일이다.

잉글과 동료들[310]은 좀더 굼뜬 동작들, 감소하는 심장 박동속도, 딱지에 생기는 불규칙한 주름들, 생식 능력의 상실, 점차적인 꼬리뼈 길이의 감소, 몸체 크기의 감소 등으로 나타나는 *Daphnia longispina*의 노쇠현상은 제한된 먹이를 먹은 개체보다는 잘 먹인 개체들에서 훨씬 먼저 발생한다는 점을 지적했다. 연구에 따르면: "늦게는 18번째 탈피 후에도 굶긴 새각류는 적당한 환경이 제공되면 성장, 재생산, 심장 박동 속도, 탈피와 탈피 사이의 기간 등에서 상대적으로 젊은 동물의 특징을 나타낸다는 사실에서 나타나는 것처럼 잠재적으로 젊은 동물이다. 게다가, 경험있는 연구자에게도 젊은 동물로 보여지며 잘 먹인 집단에서 나타나는 노쇠 현상이 관찰되지 않는다." 라고 한다. 돌이켜 보건대, *노쇠한 인간에게서 나타나는 피부의 주름, 신장과 체중의 감소, 신체 활동량과 신진대사 감소, 그리고 유사한 효소 고갈의 증거*는 신진대사율을 높여서 효소 저장소에 과외의 부담을 준 *노쇠한 새각류에게서 관찰된 현상과 밀접하게 평행을 이룸을 볼 수 있다.*

가파퍼[323]는 약 30,000명의 학생들의 성장률 측정치를 보고했다. 약 절반의 어린이들이 카리에스, 종기, 편도선 결함, 아데노이드, 시력 결함, 림프선 확장 등의 신체적 결함이 있되 심각하게 아프지는 않았다. 결함이 없는 아이들은 몸통이 짧고 가슴둘레가 작아서 신체의 최대 발육과 적정한 건강 사이에 불일치의 경향이 있음이 발견되었다. 가슴둘레가 작은 사람이 가슴둘레가 큰 사람보다 더 오래 산다고 말한 펄의 관찰을 되새길 수 있겠다.

콜롬비아 대학교 의과 대학의 심즈와 스톨만[324]은 70세 이상 6명 또는 30과 40세 사이의 11명의 신장, 간, 심장, 비장 그리고 근육을 분석했다. 나이가 들어감에 따라 세포의 염소, 나트륨, 칼슘, 전체 염기 그리고 (심장을 제외하고) 조직의 수분 함량의 증가가 동반되었다; 그리고 칼륨, 마그네슘, 인, 질소 그리고 (간을 제외하고) 재의 함량의 감소가 수반되었다. 질병으로 죽은 노인과 젊은이들의 장기를 분석했을 때 같은 종류의 변화가 관찰되었다. 좀더 젊은 집단의 건강한 사람과 병든 사람들 조직의 미네랄 구성을 비교하면 *노년에 일어나는 변화들이 병에 걸린 사람들에게서 발생*하는 것을 볼 수 있다.

번스타인[325]은 4,205명을 조사하여 일찍 노안이 되면 일찍 생명이 끝나는 것과 연관이 있음을 보여주었다. 노안이 나중에 생기면 더 오래 사는 것과 연결되었다. 나이가 많아지면서 콜레스테롤과 불용성의 글로블린이 증가되는데, 습기를 잃게 되는 것과 렌즈가 딱딱해지는 것과 연관되어 적응능력에 변화가 생기고 노안이 되었다.

17 장 동물들에서의 질병 발생

"초식동물의 타액(침)에는 효소가 거의 없다"

야생 동물의 질병 발생에 관한 즉흥적인 의견들은 서로 일치하지 않는다. 어떤 사람들은 야생 동물들에게서 질병이 많이 발생한다고 말할 것이다; 다른 사람들은 자연 번식지에 사는 야생 동물들은 기묘하게 어떤 병에도 걸리지 않는다고 할 것이다. 나는 야생 밀림 동물의 병리학적 상태에 대한 기록된 증거는 한 건도 발견할 수 없었다. 야생 동물이 전시 목적으로 잡혀 있을 때 최근까지는 마구잡이로 음식을 먹이는게 보통인데 특히 육식동물과 잡식동물에게 더했다. 음식은 넉넉한 양의 흰 빵, 삶은 감자, 익힌 고기 등을 포함했다. 생식은 덤이었다. 따라서 *음식을 통한 효소 섭취는 급격히 감소하였고* 따라서 *조직 효소의 유출이 증가* 되었다. 이전에 귀중한 동물원의 동물들의 높은 사망률은 이런 동물들 보육에 책임이 있는 사람들에게는 잘 알려진 사실이다. 생포한 영장류는 단 기간 이상 살아남지 못했다. 출산은 종종 성공적이지 못했으며 새끼를 키우는 것이 매우 위험했는데 육식동물이 특히 그랬다. 이제는 상황이 바뀌었다. 귀중한 동물들에게 거의 생식을 주며 열처리한 음식은 거의 또는 전혀 주지 않는다. 시카고에 있는 링컨 공원 동물원은 사망률이 낮기로 유명한데 호랑이와 사자들에게는 날고기와 뼈를 먹이면서, 독특하게도 가끔 생간을 먹인다. 영장류들에게는 바나나, 사과, 오렌지 그리고 생야채를 먹인다. 어떤 식으로건 화식은 사용치 않는다. 감금된 야생동물의 건강이 눈에 띄게 변해왔다. 출산과 새끼 기르기는 영장류 종류에서조차 대체로 성공적이어서 감금 상태에서 무제한적으로 키우고 있다. 커다란 동물들도 거의 죽지 않는다. 5년 전 나는 커다란 육식동물의 기관의 무게를 연구하기 위해 해부체를 얻으려고 했으나 호랑이나 사자가 잘 죽지 않아서 표본을 얻으려면 몇 년이 지나기도 한다는 말을 들었다. 이러한 동물들의 생활 조건은 단지 음식의 특성, 즉 익히지 않은 생식의 공급 증가 이외에는 별다른 변화가 없었다. 감금된 야생동물의 *건강 증진*은 결국 *생식*

이 포함하고 있는, 열처리한 음식에서는 발견되지 않는 어떤 것의 탓일 수밖에 없다. 효소는 생식에는 존재하지만 열처리된 음식에는 존재하지 않는 유일한 차이점이다. 동물원에 살고 있는 동물들 사이에서 건강이 개선되고 사망률이 낮아지는 것은 F-자임을 많이 섭취했다는 근거로서만 설명이 가능하다.

귀중한 동물이 최대한 오래 건강과 생명을 유지하려면 일상의 불에 익힌 음식 이상의 것이 필요한데, 이는 충분한 양의 비타민과 미네랄이 더해진다 해도 마찬가지이다. 모든 동물원들은 이제 많건 적건 간에 생식을 사용하고 있으며 생식을 가장 많이 쓰는 곳의 사망률이 가장 낮다.

감금된 야생동물의 질병은 필라델피아 동물학회 소속 병리학자인 팍스 박사에 의해 세심하게 연구되었다. 그의 저서에는 이 주제에 관한 광범위한 도표가 있으며, 현미경 사진, 1923년까지 약 20여 년에 걸쳐 죽은 동물과 조류의 해부 사진 500여장 등도 수록되어 있다. 이 기간동안에는 지금과 같은 먹이 공급이 아직 이뤄지지 않았었으며, 인간에게 흔한 병적 조건의 사례들도 많았다. 최소한 30가지의 흔한 병이 조직 식별에 의해 다수 정의되었다. 발견된 것 중에, 급성 및 만성 위염, 십이지장염, 장염, 대장염, 간질환과 신장염, 심근 퇴화, 악성 빈혈, 갑상선 질환, 관절염, 악성 종양, 결핵, 동맥 질환 그리고 부신 질환 등이 있었다.

어떤 방면에서는 그렇게 눈에 띄는 일련의 병리학적 상태들이 생식 원리의 시작 이래로는 동물원에서 발견되지 않았다는 것은 소견에 불과해 보인다. *감금된 야생동물이 주로 열처리된 인간의 음식과 닮은 먹이를 먹였을 때, 인간에게서 발견되는 것과 유사하거나 동일한 질병이 생겨난다는 사실은 퍽 흥미롭다.*

록펠러 의학 연구소의 브라운, 피어스 그리고 밴 앨런[103]은 경미한 기형, 상해, 그리고 질병이 기관의 무게에 미치는 영향에 대한 참고로 수백 마리의 토끼에 있는 17가지 기관의 무게를 연구했다. 토끼들은 생후 8내지 12개월 되었고 상인에게서 사서 2내지 8주 동안 우리에 넣어두었다. 그들의 과거사는 알려지지 않았다. 많은 토끼들이 여러 가지 기관에 가벼운 상해를 입고 있었다. 이는 아마도 야생동물 사이에 질병이 만연되어 있다는 이론을 지지하는데 인용될 수 있겠다. 그러나 모든 요인들을 고려한다면 이런 입장를 견지하는 것은 불가능하다. 사육된 토끼의 원종들이 여러 해 동안 그리고 여러 세대동안 실험실에서 광범위하게 실험되어왔다는 사실 하나만으로도 토끼를 더럽혀지지 않은 야생동물의 대표로서 선언할 수 있다. 많은 경우 다 자란 실험동물들이나 실험동물들의 자손은 상인이나 상업적인 사육자들에게 넘겨진다. 위스타 해부학 및 생물학 연구소는 분명한 뿌리와 사육과정를 알고 있는 동물들이 필요하다는 것을 깨닫고 이에 대처해왔다. 그들의 계보는 의심의 여지가 있을뿐 아니라 상인의 우리에 머무르는 동안 토끼의 먹이는 다양하고 종종 만족스럽지 못하다. 빵 또는 다른 화식을 포함하는 먹다 남은 음식이 종종 그들의 먹이의 중요한 일부가 된다. 이런 식으로 록펠러 연구자들이 기술한 손상, 그리고 내가 개인적으로 토끼들에게서 관찰한 손상들을 설명할 수 있다.

350마리의 정상 토끼에 있는 확실치 않은 손상에 관한 연구에서 록펠러 연구자들[103]은 동물들의 건강이 좋은 동안은 손상이 전혀 없는 동물들의 기관들의 무게와 실제적인 차이가 없었다. 그러나 의학적 질병의 증후를 보여주는 토끼에서 일어나는 더욱 현저한 무게의 변화와 특성상 유사한 기능적 반응을 암시하는 약간의 변화가 있었다.

자연히 발생한 질병의 징후를 가진 127마리 토끼 집단에서 동일 연구원들[104]은 거의 모든 기관의 무게가 완연하게 변한 것을 관찰했다; 그 변화는 기능적인 원인을 갖는 것으로 나타났다.

록펠러의 연구자들[105]은 295마리의 정상적인 토끼 집단에서, 가장 경미한 것일지라도 질병이, 질병의 진전에 직접적으로 관여되어 있지 않는 기관의 무게에 영향을 미친다는 사실과, 또한 그 산출된 효과가 존재하는 손상의 범위와 활성 모두에 관련을 갖고 있다는 것을 발견했다.

2년 반동안, 애버딘의 라우웰 연구소의 오르와 그의 동료들[326]은 커다란 쥐 집단의 절반에게 25가지의 물에 삶은 화식을 포함하는 사람들이 먹는 음식을 먹였다. 나머지 절반은 추가로 녹색 야채와 먹고 싶어하는 만큼의 우유를 먹였다. 태어나서 이유기까지 사람의 음식을 먹인 쥐가 1,211마리, 음식을 보충하여 먹인 쥐가 1,706마리였다. 사람의 음식을 먹은 쥐들은 혈액의 헤모글로빈 수치가 낮았고, 출산에 약간 부적합한 결함이 있었고, 감염된 비율이 높았으며 행동과 외피의 상태를 측정한 결과 의학적으로 더 나쁜 상황이었다. 장염, 폐렴, 빈혈, 심낭염 등이 검진에서와 사후 검시에서 자주 관찰되었다. 연구자들은 이 결과들이 *사람이 먹는 많은 음식의 영양학적 내용이 최적 상태와 거리가 멀다*는 것을 나타낸다고 말한다.

비교적 효소는 없지만 비타민과 소금을 첨가한 합성 사료를 먹인 쥐를 가지고 수행한 영양학적 실험에서 맥케이와 동료들[1]은 종양, 폐와 신장,

그리고 생식기의 질환과 같은 병리학적 상태를 많이 관찰했다. 연구결과에 따르면: "이 실험이 진행되던 거의 4년의 과정에서 쥐 집단에서는 잘 보이지 않는 많은 다른 병리학적 상태들이 관찰되었다. 이는 중년 직후에 대체로 버려지는 보통의 쥐의 집단에 비해서 늙은 동물들을 사육했기 때문이었다. 급속히 성숙한 쥐의 외피 털이 훨씬 빨리 거칠어졌다. 실험이 진행되면서 많은 동물들이 장님이 되었다"고 한다. 대략적으로 2년 이상 된 동물의 최소 절반이 그러하였다. 늙은 쥐들은 빈번하게 요도에 병이 걸렸다. 때로는 피오줌을 보았다.

V. G. 하이저 박사는 국제 제조 협회에서 최근에 한 연설에서 절반은 자연식을 나머지 절반은 일반 가정에서 먹는 음식을 먹인 4,000마리 쥐에 관한 실험에 대해서 얘기했다. 2년차 말에 첫째 집단은 근본적으로 질병이 없었던 반면, 사람의 음식을 같이 먹은 집단은 통풍, 위궤양, 관절염, 폐렴 등 수많은 병에 걸렸다.

멕케이가 제안하듯이 어떤 특정 품목의 비타민 가치를 검사하려고 고안된 일반적인 실험들은 단기간에 이루어져서 비타민이 잘 보충되기만 하면 그 음식으로 충분한가에 대한 근거는 제시하지 못한다. 완벽하게 균형잡힌 미네랄과 알려진 비타민의 섭취로 건강을 유지할 수 있다는 가설을 증명하기 위해서는, 합성되고 정제된 양식을 동물의 전체 수명 내내 먹여볼 필요가 있다. 심각한 건강상의 문제나 질병은 생애의 후반부에 나타나며, 더구나 건강 상태에 대한 판단이 눈으로만 검사하거나 체중을 재는 것에 국한되어서는 안 된다. 앞에서 보았듯이 체중 증가율은 동물의 건강과 장수 가능성의 기준으로서는 가치가 없다. 사실상 과체중은 바람직한 영향을 미치기보다는 신체장애이며, 조로를 예측하는 수단이 된다. 맥케이, 크로웰 그리고 메이나드[1]의 코넬대학에서의 연구에서 자신의 최대 체중에 가장 빨리 도달한 동물이 제일 먼저 죽고 나중에 도달한 동물이 훨씬 오래 사는 것을 보았다. 그들의 결과는 다음과 같다:

	평균 수명	최대 체중에 도달한데 걸린 평균일수
무제한적 음식 섭취	483	439
제한적 음식 섭취	820	262
부분적으로 제한된 음식 섭취	894	267

제스퍼슨과 동료들[327]은 날감자를 먹이면 시장에 내다 팔 돼지로서는 비경제적인데 이는 돼지들이 도살할만한 체중에 도달하려면 너무 늙어버리기 때문이라고 결론지었다. 익힌 감자가 더 효과적임이 증명되었다.

톰슨과 하그레이브[328]은 먹이의 일부로 찐감자를 먹은 돼지가 날감자를 먹은 돼지보다 좀더 빨리 자라며, 그 이익이 감자를 찌는데 드는 비용을 충분히 보상하고도 남음이 있음을 관찰했다.

18 장 생우유와 저온 살균우유의 효과

"화식을 하는 인간의 췌장은 생식을 하는 동물의 췌장보다 무척 크다"

특이한 경우에는 비타민이 가치 있을 수 있지만, 효소 없이 비타민과 미네랄로 보충한 합성 음식은 이미 실패로 끝났다. 비타민을 많이 사용해도 몇몇 중병의 발병이나 그로 인한 사망률을 줄일 수 없고, 정제된 비타민이 소수 특정한 경우에 잠정적인 기간 이상의 효과를 낼 수 있다는 증거도 없다.

생식이 비타민과 미네랄을 공급하는 이외에는 아무런 이득이 없다는 생각은 우리의 건강에 심각한 위협이다. 통조림 제조업자들이 상업적인 이유로 이런 인식을 이용하고 있다. 통조림이 된 음식은 충분한 비타민을 함유하고 있으며 약간 결핍된 부분은 합성 비타민으로 쉽게 보충할 수 있다고 지적되어 왔다. 그동안 풍부한 양의 화식으로 구성된 식습관으로 인류가 살아왔으므로 만족할만한 건강을 유지하기 위해 생식이 필수적이라는 이론을 충분히 반박할 수 있다고 주장되어왔다. 그러나 사람이 건강한 유기체의 상징으로 받아들여질 수 없다. 보통 인간 수명은 생물학적 기준에 미치지 못하고 있다. 사람에 있어서 초기의 퇴행적 변화의 피상적 증거는 누구나 분명히 판독할 수 있다. 골저, 상인두 기형의 유행, 어린이들 사이에 있는 자세 결함; 과도한 탈모, 시력 결함, 청소년기 피부 손상; 후반기에 나타나는 다양한 기능적인 또는 기관들의 중병; 등은 사람이 비교적 양호한 건강의 표준이 될 자질이 없음을 보여준다. 대부분의 퇴행성 질환에서 사망률이 끊임없이 오르고 있는 것은 열가공한 음식을 많이 먹는 것이 정상적이라거나 최적이라는 이론을 반증하고 있다.

확실히 인간이 화식을 더 먹도록 하는 것을 더 촉진시키거나 강변할 필요가 없다. 그러나 아직도 비타민 연구자들은 그러한 경향을 가지고 있다. 최근, 국제 암협회 연구소와 콜롬비아 사범대학의 콜만, 에디, 화이트 그리고 샌본 [329]은 통조림된 것, 집에서 조리한 것, 그리고 생식의 상대적 가치를 조사한 실험 결과를 발표했다. 5세대에 걸쳐 500마리 가까운 쥐들이 각각의 식단으로 키워졌다. 통조림된 음식을 먹은 동물들의 체중이 가장 무거웠다. 이는 결코 좋은 것이 아니며 열처리된 음식, 특히 탄수화물에서 이미 논의된 이유로 인해 예측할 수 있었던 바이다. 그렇지 않다면, 이 실험은 사람과 동물에게서 마찬가지로 반복해서 보여졌듯이, 쥐가 화식을 먹으면서도 출산을 할 수 있다는 것 이외에는 아무것도 증명한 것이 없다. 더 이상의 자료가 기록되지 않은 것으로 보아서 동물들은 생후 90일에 이르면 버려졌음에 분명하다. 누구나 모을 수 있듯이 내가 제시한 광범위한 증거로부터 추론컨대, 전체 수명의 약 ⅛에 해당하는 쥐의 최초 90일-청년기-동안 얻어낸 정보에 근거해서 양호한 건강을 유지하고 질병에서 자유롭기 위한 특정 유형의 식생활의 효험을 감축하는 것은 중대한 실수라는 것을 분명하게 알 수 있다. 그러나 위의 조사자들은 화식으로 충분하며, 오히려 좋은 점이 있다는 것을 다음과 같은 말로 표현한다: "확실히, 일정양의 생식은 건강에 절대 필수적이라는 관점은 이러한 증거들에 의하여 의문을 제기할 수 있다. 만약 조리가 영양학적인 특정한 역할을 방해할 만큼 화학적 구성을 바꾸는 것이 아니라면, 이런 기준에서 조리는 비난받을 수 없다. 조리는 식물 효소를 비활성화 시킨다. 찢어진 식물세포에서 그들의 활성은 일반적으로 유익하지 않다; 소화관에서도 유익한 활성을 하리라는 것은 기대할 수 없다." 이는 음식을 씹어 삼킨 후 소화관에서의 식물 효소의 활성이 건강에 도움이 되지 않으며 익히거나 통조림된 음식 사용이 논리적인 안전 장치라는 것을 직접적으로 암시한다. 그 실험은 분명히 통조림 된 음식을 더 많이 먹도록 촉진시키려는 왜곡된 시도이었으며 거기에서 제기된 의문사항들은 이 책에서 완전히 답변하고 있다. 이러한 특정 연구자들은 정기적으로 간행되는 학술잡지들에서 볼 수 있는 수많은 증거들을 읽어보지 않았음이 분명하다. 그렇지 않다면, 식물 효소에 관해 그토록 보증되지 않은 견해를 출판하도록 어떻게 그들이 허용했는지 이해하기 어렵다.

동물 유기체에서 식물 효소의 유익함에 대해서 반대하는 것은 유기체 자체의 경제에 도전하는 것과 마찬가지인데 모든 동물의 체내에서 식물에서 발견되는 효소 모두는 아니라고 할지라도 대부분을 만들고 있기 때문이다. 옥시다제, 페록시다제, 카타라제, 아밀라제, 프로테아제, 리파아제, 슈크라제, 말타아제 그리고 수많은 다른 효소들이 동물과 식물의 조직에서 발견된다. 이 효소들이 동물의 몸에 유익하지 않다고 말하는 것은 말이 되지 않는다. 야채가 손상되고 절여졌을 때 이들의 색깔과 맛을 식물 효소가 급격히 변화시킨다는 것을 부인하지 않는다. 이는 통조림 산업에서 일하는 화학자가 해결해야 할

난제이다. 리파아제가 장에서 지방을 분해하면 결과적인 산물은 쓴 냄새를 갖게되나 그것이 리파아제가 유익하지 않다는 의미가 될 수는 없다.

우유에 적용된 것으로서의 열처리를 찬양하는 또 한명의 열렬한 옹호자는 존스 홉킨스 대학의 E. V. 맥콜럼이다. 맥콜럼의 입장은 그가 두 가지 악 중에서 보다 덜해 보이는(최소한 즉각적인 임시방편으로) 것을 선택한 범위까지는 정당화된다. 그는 저온 살균우유의 안전성을 선호하여 생우유 고유의 유익을 희생시키려는 듯 보인다. 이 주제에 관한 그의 출판물 중 하나에서, 맥콜럼[330]은 보조 음식으로서 생우유와 가열한 우유를 먹인 두 집단으로 나뉜 3,700명의 아이들 중 생우유를 먹인 집단이 디프테리아, 성홍열 그리고 다른 질병들이 훨씬 더 많이 일어났다고 인용한다. 한편 두 집단의 평균 체중과 신장은:

	체중(파운드)	신장
생우유를 먹인 경우	32.2	37.4″
저온 살균우유를 먹인 경우	33.6	37.5″

소비한 우유이외의 다른 요인이 영향을 미쳤다는 가정을 하지 않으면 이 수치는 설명하기 어렵다. 그들이 아동들의 체중과 신장에 관련되어 있는바, 조사의 결과가 내가 이제 제시하려는 다른 증거와 완전히 불일치하기 때문에 그러한 인과관계의 가정이 아마 옳을 것이다. 더구나 3,700개의 기록은 10개 주의 39개 도시에서 모은 것이었다. 큰 도시들은 저온 살균을 시킨다; 많은 소도시와 마을들은 그렇지 않다. 따라서 저온 살균한 우유를 사용했다는 아동들의 기록은 도시의 것이며, 반면 생우유를 사용한 아동들은 농촌 사회의 것이다. 여러 면에서 도시와 농촌 지역의 식생활은 다르다. 도시에서는 아이들이 정제된 탄수화물을 많이 소비하므로, 조사에서 성장이 약간 증가되었다는 기록은 우유가 아닌 그러한 자극이나 외부의 영향 탓일 수 있다. 조건이 애매하기 때문에 조사에서 밝혀진 숫자는 분명히 신용할만 하지 않다.

맥콜럼은 저온 살균우유의 사용을 이런 말로 지지했다: “약간의 가정의 차이로 머리카락을 쪼갠다는 생각은 어리석다. 우리가 음식의 대부분을 익혀 먹는 것은 일반적으로 수용하면서, 패스처리제이션에 있어서의 우유에 대한 열처리에는 특별히 반대하는 것은 실로 기이해 보인다. 보편적인 저온 살균은 어린아이들 사이에 소결핵이 퍼지는 걸 막기 위해서 절대 필요하다". 나는 최적의 것이 아닌 실용적인 음식을 옹호하는 것은 나의 입장이 아니다. 분명히, 병을 옮길 위험 때문에 상업적으로 유통되는 생우유를 음식으로 사용하는 것은 적당하지 않다. 그러나 쟁점은 음식으로 사용된 생우유가 저온 살균우유에 의해서는 공급되지 않는, 비타민을 제외한 그 어떤 것을 유기체에 공급하느냐 하지 않느냐이다.

맥콜럼과 다른 사람들은 우유의 음식으로서의 가치에 대한 저온살균의 영향은 무시할 만 한 것이라는 견해를 갖고 있다. 비타민 C가 상당량 파괴되는 것은 과일 주스 사용으로 보충될 수 있다. 그러나 쥐의 영양에서는 이 비타민의 결핍이 일반적으로 아무런 영향을 미치지 않는다. 따라서 *생우유와 저온 살균우유의 실질적인 차이는 생우유에 최소한 6가지 이상의 효소가 있으며* 이 효소들이 저온살균 시 85내지 95% 이상 죽는다[331]는 점을 쉽사리 지적할 수 있다. 결과적으로, 생우유나 저온 살균우유로 키워진 인간이나 동물의 건강, 신체적 상태 또는 수명의 차이는 생우유에 포함된 효소의 영향 탓으로 돌릴 수밖에 없다.

러쉬 의과대학의 그룰리, 샌포드와 헤론[332]은 사람의 젖과 저온 살균한 소젖의 상대적 효과를 출생부터 생후 9개월까지 20,061명의 유아들을 대상으로 연구했다. 48.5%는 완전히 모유만 먹었고, 43%는 부분적으로 모유를 먹었으며, 8.5%는 인공 우유를 먹었다. 모유를 먹은 유아들의 전체 발병률은 37.4%였다; 부분적으로 모유를 먹은 유아는 53.8%; 인공 우유는 63.6%였다. *전체 사망률은 1.1% 였으며 이중 6.7%가 모유를 먹인 집단, 27.2%는 부분적으로 모유를 먹인 집단 그리고 66.1%가 인공 우유를 먹인 집단이었다.* 모유를 먹인 유아들은 생유를 먹었으며 인공 우유를 먹은 유아들은 저온 살균우유를 먹였다는 사실에 주의를 기울여야 한다. 이 실험의 결과가 F-자임이 인간의 복지와 관련된 다른 모든 사실들과 동일하게 평가된다면 모유를 먹인 유아들의 우월한 상태의 최소한 일부는 우유에 포함되어 있는 효소 덕택임이 분명하다.

보스턴 지역에서 글레지어[333]는 조사를 통해 발육부진, 감염, 영양실조, 위장 질환 등이 젖을 빤 유아보다 우유를 먹은 유아에게서 훨씬 더 빈번하다고 믿게 되었다. 사망률은 우유를 먹은 유아들의 사망률에 비해 1/5 내지 1/3이었으며 *모유를 먹은 유아들은 우유먹은 아이들이 아픈 기간의 1/4 기간 동안만 아팠다.*

에더튼[334]은 5,000명의 어린아이에게 하루에 3/4 핀트pint의 생우유를 주고 같은 학교에 다니는 5,000명은 대조군으로 선발했던, 래너크셔 우유 실험을 보고했다. 다른 학교에서는 5,000명에게 3/4핀트의 저온 살균우유를 주고 같은 학교의 다른 5,000명은 대조군으로 선발했다. 여자아이들에게 있어서 생우유가 저온 살균우유보다 성장을 촉진시킴에 있어서 우수하다고 판명되었으나, 남자아이들에게서는 그런 차이가 나타나지 않았다.

런던 병원의 스프러슨[335]은 생우유가 사람의 이에 특정 효과가 있어서 충치에 상당한 면역성을 주는 것을 관찰했다. 바디 빌딩의 특성에 있어서도 저온 살균우유나 살균우유보다 탁월했다. 생우유로 양육한 생후 4½개월부터 평균 생후 4살까지 아이들 40명은 정제된 탄수화물이 많이 포함된 식습관에도 불구하고 충치가 전혀 생기지 않았다.

라이프찌히 대학 소아병원의 카텔[336, 337]은 6명의 조산아에게 모유를 16일간 먹였는데 그들은 특별히 잘 자랐다. 그 후 모유를 100도씨에서 15분간 가열하여 16일간, 또는 유아가 견딜 수 있는 기간 동안 먹였다. 살균된 모유를 먹으면서 성장률이 감소되고 설사를 하고 호흡기관에 카타르성 상태가 있었으며 단백질과 다른 물질들을 잘 활용하지 못했다.

래스비와 파머[338]는 생우유를 먹은 쥐 뼈에 재 성분이 약간 더 많고 저온 살균우유를 먹인 쥐보다 칼슘과 인이 약간 더 많은 것을 관찰했다.

섀논과 섀논[339]은 생우유 또는 살균우유 그리고 철, 구리, 그리고 망간을 보충하여 흰 밀가루로 만든 비스킷을 최대 48주 기간동안 어린 쥐 집단에게 먹이는 실험을 했다. 두 가지 다른 과정에 의해 살균된 우유 샘플들을, 샘플을 취한 원래의 것에서 얻어진 생우유와 비교했다. 48주 후 살균우유를 먹인 집단은 생우유를 먹인 집단보다 체중이 약 10% 가벼웠다.

포터[340]는 현대 뿐 아니라 고대에 결핵, 위궤양 그리고 다른 많은 질병에 우유가 가지는 치료 효능을 리뷰했다. 우유만 먹은 수천 사례에 대한 그의 경험에서 그는 저온 살균우유가 치료영역에서 생우유와 같지 않음을 관찰했다. 의사들은 오늘날 치료제로서 저온 살균우유가 별 도움이 되지 않는다고 여김에 분명하다. 결핵에 탁월한 도움이 있다고 간주되던 시기는 저온살균이 도래한 이후 사라진 듯 하다.

지난 15년간, 90% 이상의 칼로리를 우유에서 얻는 식생활을 하는 200여명을 관찰해왔다. 대체적으로 일주일에서 두 달간 그러한 식생활은 계속되었다. 이 사람들은 가능하다면 보증된 생우유를 먹도록 권고 받았으나 그들 중 다수가 비실용적이라는 이유로 저온 살균우유에 의지했다. 나는 종종 두 종류의 우유에 대한 유기체의 반응에서 차이점을 느낄 수 있었다. 저온살균우유를 사용한 경우 코 막힘 현상이 종종 나타났으나 보증된 생우유에서는 나타나지 않았다. 대장염은 생우유에 더 잘 반응했다. 특정의 시스템적 피부증에서 손상 부위가 빈번하게 사라졌으나 저온 살균우유가 사용되면 그런 결과가 나타나지 않았다. 내가 영양과 관련한 F-자임의 논리를 전개하기 전, 의사로서 나의 경력을 시작했을 때 나는 생우유의 섭취와 오렌지의 섭취를 포함한 생식을 처방하곤 했는데, 예를 들어 저온살균이 균의 생명을 죽이는데 효과적이라면 음식에 있는 귀중한 생명 같은 본질을 파괴하지 않을 이유가 없다는 단순한 논리에 의해서였다.

소위 음식에 까다로운 사람들 사이에 "살아있는" 음식에 관한 토론이 많이 있었는데, 화식은 더 이상 "살아있지" 않다는 것이 인식되어져 오고 있다. 의술을 실행하는 사람들 사이에서는 최상의 건강을 위해 일정량의 익히지 않은 날 음식은 필수불가결하다는 견해가 암암리에 퍼져있다. 단백질, 지방, 탄수화물, 미네랄 그리고 비타민들이 생식과 화식에 동일하게 들어있다는 가정을 한다면 생식의 어떤 뚜렷한 영양학적 우월성은 생식의 "살아있는" 특성 탓으로 돌려야만 하며, 이 살아있다는 특성을 분석해보면 이는 효소가 갖고있는 바로 그 특성임을 보여준다. 실험적으로 저온 살균우유를 먹였을 때 나타난 부진은 비타민 C 결핍 탓으로 돌릴 수 없는데, 통상적으로 사용되는 쥐들은 음식의 비타민 C 함량이 정상치보다 낮아도 별 반응이 없기 때문이다.

메치니코프는 불가리아의 농부들이 비교적 질병 없이 장수하는 것이 젖산균을 포함하는 신 우유를 마시기 때문이라고 하였다. 그 이래로 장내 세균 분포를 바꾸는 원리는 제한적으로나마 적용할 수 있는 가능성을 입증해왔다. 그러나 메치니코프의 가정은 훨씬 더 나은 설명을 무시했다. 낙농제품은 어떤 나라들에서는 음식에 있어서 많은 비중을 차지한다. 저온살균 시대 이전에 낙농 제품들은 날 것 상태로 활용되었는데, 많은 음식 재료들이 그러하듯이 열처리로 맛이 좋아지지 않기 때문이었다. 필요한 열량의 많은 부분을 생우유, 생버터, 생치즈 등에서 채워지면 유기체는 효소의 하루 필요량을 얻을 수 있을 뿐 아니라, 가열한 음식을 더 많이 먹는 나라들의 경우에서처럼 조직의 효소 함량이 많이 빠져나가지도 않는다. 따라서 *불가리아 농부들은 - 메치니코프는 그들 중 다수가 산이 많은 그들의 거주지에서 100세에 이르도록 사는 것을 보았다 - 그들의 생활에서 효소 저장고가 좀더 천천히 사용되었기 때문에 오래 살았다고 생각되어질 수 있다.* 이것이 옳은 설명이라는 것은 거의 의심할 수 없는데 조정된 조건 아래서 실험한 결과 도출된 사실들과 일치하기 때문이다.

리딩대학 국제 낙농 연구소의 매틱과 골딩[341]은 7 마리의 어미에게서 태어난 쥐들을 3 집단으로 나누어 각각 생우유, 저온 살균우유 그리고 완전 살균우유만을 먹이면서 마른 밀가루와 물로 만든 비스킷을 제공했다. 원래의 쥐를 제외하고 생우유 집단에서는 5 세대까지 이어졌고, 저온살균에서는 3세대, 그리고 완전 살균우유를 먹인 집단에서는 새끼가 태어나지 않았다. 생우유와 저온 살균우유 집단에서 평균 체중은 살균우유 집단보다 무거웠으며, 1 세대와 2 세대와는 달리 3 세대에서는 생우유를 먹인 집단의 평균 체중이 저온 살균우유를 먹인 집단보다 무거웠다. 저온 살균우유를 먹인 집단의 2 세대와 3 세대의 어떤 쥐들에게서는 털이 빠지는 증상이 관찰되었다. 저온 살균우유를 먹인 집단의 2 세대 쥐는 생우유를 먹인 집단의 2 세대 쥐들보다 뼈에 칼슘와 회분 총량이 약간 적었다. 마지막 실험에서, 7마리의 어미에서 태어난 쥐들을 각각 18마리씩의 두 집단으로 나누어 생우유나 저온 살균우유와 함께 비스킷을 먹였다. 2 세대에서 두 집단의 체중에는 별다른 차이가 없었다. 그러나 3 세대에서 가열한 우유를 먹인 집단은 비정상적으로 작았다. 가열한 우유 집단에서(생우유 집단에서는 그렇지 않았다)는 털이 빠지는 현상이 2 세대와 3 세대에서 일어났다. 2 세대 쥐의 혈중 헤모글로빈 함량은 가열한 우유 집단에서보다 생우유를 먹인 집단이 약간 더 많았다.

저온살균이 우유의 영양적 가치에 미치는 영향에 대한 편견이 배제된 연구가 위스콘신대학 농화학과의 엘브헴과 하트, 낙농 산업과의 잭슨과 위켈[342]에 의해 발표되었다. 철, 구리, 망간이 보충된 생우유 또는 저온 살균우유를 다른 계절에 쥐 집단들에게 유일한 음식으로 제공하였다. 그 결과를 도표로 만들었다:

최초 6주 동안 하루만에 증가된 체중 평균(그램)

실험 시작일 (년, 월, 일)	생우유		저온 살균우유	
	수컷	암컷	수컷	암컷
1932, 10, 26	4.55	3.04	4.36	3.04
1933, 4, 21	4.00	2.66	3.49	1.91
1933, 10, 14	4.19	2.88	3.90	2.59
1933, 12, 27	3.32	2.11	1.96	2.52
1934, 2, 6	2.45	3.14	1.14	2.12

저온 살균법은 우유의 영양적 가치에 대하여 눈에 띄게 유해한 영향을 미친 반면, 소들이 어떤 필수적 요인들을 포함하는 녹색 먹이를 풍성하게 섭취한 시기에 생산된 우유에서는 같은 범주의 효과가 나타나지 않았다. 엘브헴과 그의 동료들이 쓴 논문의 원문을 인용한다: "저온 살균우유가 영양학적으로 생우유와 동일한가 아닌가에 대한 의문에 대해 보고한 몇몇 연구는 무가치하다. 왜냐하면 그것은 저온 살균우유에 대해 반대하거나 선호하는 집단에 의해 후원 받았기 때문이다. 비타민 C의 결핍은 차이점으로 간주될 수 없는 것이 쥐는 음식에 이 요인이 필요치 않기 때문이다. 쥐들이 비타민 A나 비타민 B와 G를 제한적으로 공급받고 있었다는 흔적도 없다."

여러 온도에서 가열된 우유가 어린 쥐의 성장과 생명을 뒷받침하는 능력을 검사하기 위한 탁월한 일련의 실험들이 일본에서 행해졌다. 도쿄 왕립대학교 국립전염병 연구소 생화학과의 오카다와 사노[343]는 여러 집단의 쥐에게 생우유 및 60, 80, 100, 120 그리고 140도씨에서 30분간 가열한 우유를 각각 먹였다. 각 실험마다 10마리의 쥐들이 사용되었는데, 7주간 먹인 후 60도씨에서 가열한 우유를 먹인 쥐 체중의 평균치는 생우유를 먹인 쥐들보다 20% 적었다. 30분간 80도씨에서 가열한 경우 처음에는 체중이 늘었다가 그 다음에 줄었고 3주 이내에 죽음이 잇따랐다.

80도씨에서의 가열은 3주 이내에 사망케 하였다.
100도씨에서의 가열은 2주 이내에 사망케 하였다.
120도씨에서의 가열은 1주 이내에 사망케 하였다.
140도씨에서의 가열은 3일 내지 5일 안에 사망케 하였다.

더 높은 온도에서 가열한 우유를 먹인 쥐들은 더 많은 성장 지체 현상을 보여주었다.

아더스[344]는 어린 쥐를 웬만한 크기로 키우는 정도의 기본적인 먹이에 신선한 우유를 보충하면 현저한 성장 촉진 효과를 가져오지만, 동일한 수준의 카제인을 보충했을 때는 그런 효과가 나타나지 않음을 관찰했다. 100도씨에서의 가열시간이 길어질수록 성장 촉진 효과가 감소하는 것으로 보아, 이 결과는 우유가 가열 시에는 안정하게 유지될 수 없는 성장을 촉진시키는 요소를 가지고 있다는 것을 지시한다. 성장 촉진 요소는 비타민 B와 달리 열에 훨씬 약하여 60 내지 70도씨에서도 서서히 파괴된다. 게다가 비타민 B를 풍부하게 포함하는 음식은 중요한 촉진 요소가 없을 경우 쥐의 성장을 촉진시키지 않는다. 촉진 요소를 포함한 분유, 맥아 추출물, 밀가루 그리고 설탕으로 구성된 음식을 취한 쥐들은 정상적으로 자랐다; 그러나 음식에서 성장 촉진 요소가 열에 의해 파괴되면 그들은 단백질 결핍 증상을 보이며 죽었다. 성장 촉진 물질의 열에 대한 민감성은 그것이, 아더스와 일본 검사자들이 생명을 부양하고 성장을 촉진시키는 우유에 있는 요소에 파괴적인 바로 그 온도에서 죽는, 효소라는 것을 즉시 알게 해 준다.

19장 육류에 있는 열에 약한 보조 인자

"인체의 온도가 올라가면 효소 활동이 얼마간 증가된다"

물고기에게 205일간 생고기와 익힌 고기를 먹이고 10일 간격으로 체중을 잰 연구자들은 리쳇과 리차드[345]였다. 송어 *Cantharus griseus* 여섯 마리에 대한 결과는 획일적으로 생고기가 좋게 나타났다.

맥케이와 동료들[309]은 송어 실험에서 송어의 생명을 유지하는데 필요한 생간의 인자가 알려진 어떤 비타민과도 같지 않음을 발견했다. 생간의 추출물을 65도씨에서 가열했을 때 그것은 더 이상 성장을 촉진시키지 않았다.

모간과 컨[346]이 7% 수준으로 쥐에게 먹였을 때 생 쇠고기 근육의 생물학적 가치는 같은 고기를 세 가지 방법으로 익혔을 때보다 더 컸다. 열에 노출된 정도가 심할수록 손상 정도가 커지는 듯이 나타났다. 2인치 크기 입방체로 자른 고기의 한 부분은 내부 온도가 84도씨에 도달할 때까지 - 이 연구자들은 이 고기가 84도씨에서 완전히 익는 것을 이전의 조사에서 보여주었다 - 물에서 끓였다. 두 번째 종류의 고기 입방체는 내부온도가 84도씨가 될 때까지 15파운드 압력에서 고압 멸균시켰는데 이는 7분이 걸렸다. 나머지 종류는 15파운드에서 1시간 동안 고압 멸균했다. 생고기와, 물에서 익힌 고기를 포함하는 조리한 고기는 저온에서 말려 가루 형태로 만들어 쥐에게 먹였는데 기름, 옥수수 전분, 한천, 소금 혼합물, 비타민을 보충해 주었고 결과는 다음과 같다.

	쥐 숫자	초기 평균 체중(그램)	마지막 체중(그램)	섭취음식 총량(그램)	소비한 단백질 그램 당 증가된 체중(그램)
생	17	58	126	394	2.58
끓인	18	58	117	345	2.41
고압멸균 7분	18	57	118	352	2.44
고압멸균 1시간	18	58	104	356	1.80

모간과 컨은 또한 단백질을 더 높은 수준으로 먹이면 여분의 단백질이 단기 실험에서는 열로 인한 손상을 훨씬 더 알아차리지 못하게 하는 것을 알았다.

사용된 온도가 (60내지 70도씨, 65도씨 그리고 84도씨) 효소는 완전히 죽일 수 있으되 비타민에는 약간의 해를 줄뿐이기 때문에, 세 번의 앞선 조사에서 보고된 열에 의한 손상은 비타민에 대한 손상에서 기인했던 것일 수 없다는 것을 알 수 있다.

약한 열에도 파괴되는 것에 대항하는 효소의 방어력 부족에 관하여 의심이 있다면, 50여명의 의사와 기술 인력이 한 실험뿐만 아니라 내 자신의 실험에 근거해서, 효소가 물에서 가열되면 48에서 65도씨 사이 온도에서 다소간에 완전히 파괴된다는 증거를 제시할 수 있다. *48도씨에서 오래 동안 또는 65도씨에서 단기간에 효소를 죽일 수 있다. 60도씨 내지 80도씨에서 반시간을 가열하면 어떤 효소든지 완벽하게 죽는다.*

문제에 직접적으로 직면하고 있는 소수의 산업계의 화학자들이나 연구자들을 제외하면, 대다수의 기술 인력은 효소가 열에 극히 약하다는 것을 희미하게 인식할 뿐임은 의심의 여지가 없다. 미국 농업국 공보 342번에 이런 내용이 있다:

"저온 살균법이 이로운 효소를 파괴시키는가의 여부에 대한 질문은 여전히 미정으로 남아있다. 우유에 있는 효소들에 관한 현재의 지식과 그리고 그들이 소화과정에서 하는 역할 분담에 비추어 생각해 볼 때 그들의 중요성에 대한 의문을 확정짓기가 매우 어렵다. 그러나 저온 살균법에서 현재 사용하는 낮은 온도가 흔히 알고 있는 효소에 영향을 거의 미치지 않음이 분명하다." 이는 분명히 1916년에 쓰여졌고 당시의 지식은 초보적이었다. 그러나 이 공보는 1932년 개정되었고 그 내용은 그대로 남게되었다. 저온 살균법에서 사용하는 낮은 온도가 효소에 거의 영향을 미치지 않는다는 확신은 사실이 아니다. 효소는 48도씨에서 파괴되기 시작하는데 저온 살균 온도는 63도씨이기 때문이다.

우유에 있는 효소 파괴 비율에 근거하여 낙농제품 저온 살균법의 완벽함을 검사하기 위하여 최소한 여섯 가지 이상의 검사가 제안되었다. 유명한 대학의 생화학과에서 효소에 대한 일련의 강의들을 실시하고 있다. 유능한 생화학자인 그 강사는 효소가 열을 어느 만큼 견딜 수 있느냐는 질문을 받았다. 그는 주제에 관해 아는 바가 별로 없으며, 즉흥적으로 말한다면, 비등점에서는 살아남지 못하리라 생각한다고 대답했다. 그런 의견이 얼마나 보편적인가에 상관없이 나는 효소의 열에 대한 극단적인 민감성에 관한 주제에 있어서 일차적인 지식을 갖고 있는 사람들 사이에 의견이 완벽하게 일치하고 있음을 보여 줄 준비가 되어있다.

20 장 원시 에스키모와 현대 에스키모들의 식습관과 건강

"격리된 원시 에스키모인은 아주 건강하다"

격리되어 살고 있는 에스키모를 제외하고, 가장 야만적이고 원시적인 종족들도 요리법을 사용한다는 것은 밝혀야 하겠다. *원시적이고 격리된 북극 에스키모들은 질병 치료를 완전하게 담당하는 부족의 공식적인 구성원으로서 의술사가 참여하지 않는 아마 유일한 원시 종족이다.* 그들에게 주술의사가 있다는 것은 사실이지만, 그들이 부상 부위에 잔인하기는 하나 기술적인 수술을 수행한다고 알려져 있을지라도 이들의 행위는 거의 영적 리더의 장악 안에서 수행된다. 하지만 원시 에스키모들은 의약품을 만들거나 사용하는 기술을 개발하려는 욕구나 필요성이 없었던 듯이 보인다.

원시 에스키모들의 탁월한 건강은 자격있는 관찰자들에 의하여 회자되고 있는데, 이 지구상의 다른 어떤 종족보다 우월하며 혹 비슷한 종족이 있다해도 극소수에 불과할 것이다. 이는 에스키모의 식단이 주로 고기와 생선으로 이루어져 있으며 이는 그들이 보통 최적의 건강에 좋은 영향을 미치지는 않는다고 간주되고 있음에도 불구하고 그렇다. 거의 모든 의사들은 에스키모들이 소비하는 대량의 고기 음식이(풍부할 때는 하루에 10파운드 이상 먹는다고 알려져 있다) 재난을 초래하지 않는다 할지라도 틀림없이 부담스러운 양이라고 간주할 것이다. 그러나, 지금의 시점에서, *고기는 보통 주로 날것으로 먹고 있으며*, 이제까지 제시되어 왔던 견해에 있어서, 에스키모들이 주로 날것으로 먹은 결과 그렇게 좋은 건강 수준을 유지할 수 있다는 사실에서 기인한다는 주장을 수용하라고 강요할 필요가 없다고 믿는다. 에스키모들은, 야생동물처럼, 원래의 효소가 모두 살아있는 자연 상태에서 대부분의 음식을 섭취한다.

반면, 미국 인디언이나 정글 부족들처럼 음식을 조리하는 종족들은 많든 적든 대개 야채나 동물을 원료로 하여 다양한 물질을 섞은 종합적인 약처방을 갖고 있다. 이러한 부족들 사이에서는 약을 사용하도록 만드는 압박

이 강한 것 같다. 체계적인 약처방을 갖고 있는 것이 광범위하게 조리하는 습관을 갖는 것과 상관관계가 있음을 아는 것은 흥미롭다. 건강에 유익한 다른 실외에서의 생활이 특정 질병의 발병을 막지는 못한다. 원시 홍인종들 가운데서는 조상들의 유해에서와 마찬가지로 관절염의 사례가 보고되어왔다. 따라서, 이 질병들에는 영양학적 원인이 있다는 것을 내포하는 탁월한 이유들이다. 원시인들은 그들의 밀가루를 정제하거나 과일 또는 야채 껍질을 벗기지 않고 있으며, 설탕과 같은 농축되거나 정제된 음식을 먹지 않기 때문에, 이러한 질병들이 어떤 중요한 비타민이나 미네랄이 결핍된 때문이라고 주장할 수는 없다. 그러나 음식을 조리하게 되면 효소가 결핍된 식사를 하게 되는데, 이것만이 다른 면에서는 건강한 환경에 있으면서도 질병에 걸리게 되는 이유를 설명하는 말이 된다.

식이요법 치료에 익숙한 사람들은 누구나 어떤 형태이든 생식을 한 이후에 종종 나타나는 유익한 결과들을 보아왔다. 샐즈버리 식이요법에서 나타나는 유익은 속 부분이 날것이어서 자연 효소를 포함한 덜 익힌 고기를 먹었기 때문이라고 편리하게 설명할 수 있다. 포터의 생우유 식이요법은 생우유를 쉽게 구할 수 있던 시대에 치료를 위해 광범위하게 쓰였다. 생 포도, 생 사과, 생 오렌지, 또한 생야채 등을 이용한 여러 형태의 식이요법들이 건강과 치료를 위해 좋은 점은 사용해 본 경험자들에 의해 전적으로 긍정적 평가를 받고 있다.

맥밀런 북극 탐험대의 의사인 토마스 박사[347]는 육식을 하는 그린랜드의 에스키모들은 보통 주로 날로 먹어서 혈관이나 신장 질환, 괴혈병, 구루병 등이 많이 걸리지는 않았던 반면, 고기를 익혀 먹으며, 가공되고 말려지고 통조림된 음식을 많이 먹는 라바도어 에스키모들은 괴혈병과 구루병이 대단히 많이 걸린다는 것을 발견했다. 그린랜드 에스키모의 음식은 고래, 해마, 물개, 순록, 사향소, 북극 토끼, 북극 곰, 여우, 뇌조, 그리고 수많은 바다 갈매기들, 기러기, 오리, 바다 오리, 갈매기, 그리고 물고기의 고기를 포함하며, 통상 주로 날로 먹는다. 고래의 지방으로 주거지를 밝히고 따뜻하게 하며, 마실 물을 위하여 얼음과 눈을 녹이고, 음식 조리에도 소량을 사용한다.

푸트남 배핀섬 탐험대의 일원인 시턴 대학교 약학 대학, 생화학 및 생리학과의 하인베커[348]는 배핀섬 에스키모들을 방문하고 그들의 혈액과 소변의 화학 작용을 연구했다. 모든 소변 표본에는 당분이 없었다. 에스키모들은 케톤증이 전혀 없었고 금식 기간 중에 아세톤 바디가 소변으로 약간 배출되는 것으로 증명되듯 지방을 완전히 산화시키는 힘이 뛰어났다. 대사된 물질이 단백질과 지방으로 제한되면 대부분 사람들에게서 케톤증이 나타난다는 것은 잘 알려져 있다. 쉐퍼[349]의 분석에 따르면 에스키모의 음식에 포함된 음식의 대사는 온대 지방의 사람들이 먹었을 때는 케톤증을 낳는다. 상당량의 물개의 지방을 포함하는 고단백 음식을 먹는 에스키모들은 다른 면에서 모두 같다면 케톤증에 걸려야 마땅하다. 그러나 음식을 날로 섭취하면 심대한 영향력이 개입된다. 네프리아킨과 베레진[350]은 카스피안 물개 기름을 실험 동물에게 5~9달간 먹인 후에 혈액과 기관의 리파아제 함량이 적지만 안정적으로 분명히 상승됨을 관찰했다. 양의 다소는 있지만 리파아제가 자연적인 생 지방에 농축되어 있음이 발견된다. 에스키모들에게서 케톤증이 없는 것은 음식에서 리파아제를 섭취하여 종래의 열처리 음식에 의존하는 사람보다 지방을 더 잘 대사하는 것과 관련 없지 않다. 하인베커는 대부분의 날 고기를 일부만 끓여서 대부분 안 익은 채로 먹는 것을 관찰했다. 냉동 고기는 일반적으로 날로 먹는다. 어떤 종류의 음식이 얼마간 저장되어 "삭으면(자기 분해되면)" 그것은 날로 먹는다.

가버[351]는 알래스카 북부에 있는 에스키모 사이에서 수년간 살면서 그들의 관습을 지켜볼 기회가 있었다. 인용: "생선을 괭이에 꽂아 풀로 덮고 땅에 묻어 그 뭉치가 발효되어 삭게 한다. 너무나도 놀랍게도 나는 그들이 그 썩은, 유독성 음식을 먹으며 번창하는 것을 알았다. 요리 과정이 오염된 음식에 있는 독을 파괴할 것이라고 독자들이 생각하지 않도록 하기 위하여, 나는 그들이 단지 소수의 경우에만 음식을 조리한다는 것을 언급하고 싶다. 보통의 관습적인 방법은 그것을 날로 먹어 치우는 것이다".

프라이스는 충치 발병률을 측정하려고 알래스카 에스키모를 방문하였는데[352], 1,000개의 치아 당 *원시 에스키모의 경우는 0.9, 현대화된 에스키모는 130개의 치아*가 충치에 걸려있음을 발견했다.

아크라비크 가까이 캐나다 북부에 있는 에스키모들을 진료하는 의사인 우르콰트[353]는 그 지역에서 7년 간 일하면서 악성 불치병은 단 한 건도 보지 못했다. 위, 십이지장궤양, 급만성 신장염, 또는 괴혈병이 지극히 드물다. 치아 상태는 탁월하다. 류마티즘, 열, 천식, 그리고 일반 감기도 드물다. 7년 동안 수천에 달하는 소변 분석을 잘 진행했으나, 단 한 건의 당뇨병도 발견되지 않았다. 생선이 그들 메뉴의 커다란 부분을 차지하며 그들은 생선 전체를 날로 그리고 많이 "삭혀" 먹는다.

스테판슨[2]은 멕켄지강 지역에 있는 에스키모들과 살았고 평균적으로 훌륭한 건강을 유지하여 충치, 괴혈병, 구루병 또는 암이 발생하는 일이 없다는 결론을 내릴 수 있는 증거를 보고했다. 고기를 익힐 때는 레몬 크기에서 자몽 크기에 이르기까지 다양한 사이즈의 냉동 고기 덩어리를 물에 넣고 약한 불에서 끓기 시작할 때까지 가열한다. 이런 조건의 조리에서 내부 온도가 효소를 파괴시킬 만큼 올라갈 것인지가 의심스럽다. 스테판슨은 에스키모의 관습은 각 덩어리 내부는 안 익히는 것으로 규정짓고 있다고 진술한다. 따라서 익힌 고기라 할지라도 일부 효소는 보존될 가능성이 매우 높다.

몬트리올 제네랄 병원 신진대사과의 라비노위치[354, 355]는 허드슨만과 해협, 배핀섬, 디본섬, 엘리스미어섬에 있는 에스키모들을 캐나다 정부 북극 동부 순찰대의 일원으로서 방문하였다. 목적은 종족의 멸종을 방지하기 위해 에스키모의 건강에 관한 공식적인 정보를 얻기 위함이었다. 다음은 라비노위치의 보고에서 인용한 것이다: "모두 389명을 조사했다. 밀가루 사용은 고기가 있느냐, 없느냐에 따라 결정되었다. 예를 들면, 체스터필드 후미에 있는 허드슨만에서는 사냥 조건이 나빴고 밀가루는 매우 흔했다; 방문한 19개 중 8개의 텐트에서 발견되었다. 반면 근처에서 물개 사냥을 하기 좋은 똑같은 만의 서팀톤섬에 있는 산호항에서는 밀가루가 방문한 8개 중 1개의 텐트에서만 발견되었다. 반면 사냥 조건이 나쁜 비웰 항구에서는 방문한 텐트 9개 전부 다 밀가루를 보유하고 있었다. 해협과 만(체스터필드 후미)에서는 결핵이 흔했다. 폰트 후미에 있는 클라드강과 디본섬에 있는 던다스항에서는 질병의 증거가 전혀 발견되지 않았다. 해협과 만의 에스키모와 좀더 북쪽 지역의 에스키모 사이에서는 치아에서 놀랄만한 차이가 있다. 만과 해협에 있는 많은 사람들이 깨끗했는데, 이유는 분명하다. 그들은 칫솔질을 해왔다. 그러나 충치와 농루가 이 지역에서 가장 많이 발견되었다. 31명의 원주민을 검사했는데 16명의 치아가 매우 불량했다. 북쪽으로 여행하면서 살펴보니까 치아는 훨씬 더러운 상태이었으나 그들이 훨씬 더 건강했다. 동맥경화의 경우 해협과 만은 북쪽 지역과는 또 달랐다. 두꺼워진 요골과 비틀린 측두 혈관이 흔했고, 34명의 혈압이 150mmHg 이상이었다. 클라이드강, 폰트 후미, 던다스와 크래이그항에서는 동맥경화가 전혀 발견되지 않았다. 허드슨만과 해협에서 찍은 39개의 필름에서 19개는 분명하게 동맥의 석회화를 보여준 반면, 배핀섬에서 찍은 24 장의 필름에서는 단지 4개만이 석회화를 보여주었는데, 허드슨만과 해협 그룹의 평균 연령이 44.6세 허드슨만과 해협에 있는 에스키모들이 50세, 북쪽 지방은 38세였다. 단백뇨가 있는 9 명 중에서 단 한 명을 제외한 모두가 허드슨만과 해협 출신이었다. 음식이 풍부할 때, 원시 상태에서 사는 건강한 에스키모는 하루에 5내지 10

파운드 이상의 고기를 먹는데, 고기를 가장 많이 먹는 집단은 북쪽 지역 사람들이다. 에스키모는 고단백 음식에 대한 우리의 관념을 혼란케 한다. 혀끝의 중얼거림 한 사례를 제외하고는 심장병의 징조는 전혀 없었다. 모든 편도선은 건강한 분홍색 표면을 갖고 있었고 압력을 가해도 고름이 전혀 나오지 않았다. 암이나 진성 당뇨병은 전혀 발견되지 않았고, 검사한 모든 소변 중 3경우에만 함량 미달이 발견되었는데 모두 요란을 떨만한 것은 아니었다. 소변 어떤 것에서도 아세톤 바디는 없었다.

21장 생식요법의 치료적 가치

"효소가 풍부한 생식의 예방/치료 의학적 가치는 높다"

생식요법의 치료적 가치는 많은 의사들에 의해 분명히 인정되고 있다. 일반적인 원리는 자연적인 날 것 상태에서 맛있는 과일이나 야채의 섭취를 늘리고, 열처리한 고칼로리 음식의 양은 줄이는 방법이다. 그러나, 섭취하는 음식의 칼로리 량을 줄이지 않고 열처리한 고칼로리 음식을 단지 같은 칼로리 량의 맛있는 생식으로 대체하여 같은 결과를 얻을 수 있는 많은 예를 발견하였다. 이와 관련하여, 가열하지 않은 꿀, 생계란 노른자, 생우유, 생버터, 생치즈, 완전히 숙성된 바나나, 아보카도, 대추와 무화과 그리고 때때로 껍질 그대로의 견과류 등이 종종 사용될 수 있다. 나는 열을 동반한 많은 질병에서 오렌지 주스의 독특한 효능을 발견했는데, 발병 기간을 줄여주고 증상을 완화시켜 주었다. 이는 어린아이들의 발진 증상들에 특히 효과가 있다. 깡통에 든 오렌지 주스나 깡통에 든 토마토 주스는 모두 뚜렷한 증상의 개선 효과가 없다.

위장 질환이나 장염에서 생우유 요법은 의심할 필요가 없는 가치가 있다. 고혈압에서 주로 생식으로 구성된 적절한 식생활을 통해 수축기 압력이 75mmHg이상 감소되는 것을 보았다. 거의 500개 사례의 고혈압을 내가 관찰했는데, 오래된 경우라 하더라도 충분한 기간 식이요법에 충실하면 상당량 줄어들어 증상이 적절하게 개선되었다. 만성 관절염은 장기적으로 지속적인 노력을 요구하지만, 체중과 활력을 알맞게 유지하도록 고안되었다면 생식요법의 효과는 확실하게 통증을 줄여주고 관절 운동이 좋아지게 한다. 여러 가지 신경통의 사례들도 생식요법과 함께 간헐적으로 사용된 오렌지 요법에 반응하였다. 어떤 유형의 월경 불순과 자주 보게 되는 일단의 다른 질병들도 마찬가지로 성공적으로 처리되었다. 생식의 이런 치료 속성은 전부는 아니라고 할지라도, 대부분 그의 효소 함유량 때문이라고 믿고 있다. 나는 깡통에 든 오렌지나 토마토 주스가 날 것과 동일한 효과를 가져오지 않으며, 저온 살균된 우유가 생우유의 치료 역할을 할 수 없음을 알고 있다.

독일에는 생식의 치료 속성을 입증하는 문헌이 많다. 여러 사람들의 음식 습관들을 연구하여 킹, 쿠겔마스, 그리고 보데커[356]는 "골저 caries에 저항성을 갖는 민족들의 음식들에 있어서 일관된 특징은 자연 상태 그대로 음식을 취하는데 있어서의 최소한의 처리"임을 관찰했다. 무엇이든지 음식을 많이 먹을수록 그것은 생식이거나, 적어도 찐 것일 필요가 있다. 원시 종족의 조리방식은 문명화된 종족과 비교해 볼 때, 어떤 의미에서는, 골저가 거의 발병하지 않는 것과 맥을 같이 하고 있다."

이와 관련하여, 열에 의한 효소 파괴는 축축한 열의 영향에 시달려 일어난다는 것을 강조해야 할 것 같다. 예를 들면, 가루 췌장소 또는 맥아 아밀라제는 100도씨까지 가열해도 물질에 손상을 가져오지 않는다. 건조한 열은 온도가 150도씨까지 오르지 않으면 파괴적이지 않다. 음식을 원시적인 방법으로 단지 찌기만 하면 효소가 얼마나 파괴될는지는 의문이다. 현대의 고도로 효율적인 장비로 한 조리에서는 100% 파괴되는 반면, 조잡한 기구로 찐 경우에는 일부분만 손실되는 결과를 낳을 수 있다.

아우이와 베렌스[357]는 *생식이 특정 위장병, 신장병, 고혈압,* 당뇨, *통풍, 특정 유형의 비만, 그리고 많은 피부병에 치료적 가치가 있음*에도 불구하고 건강한 사람에게는 정상적인 식사로 여겨지지 않음을 지적했다. 익힌 음식의 첨가가 대부분의 사람들에게 바람직 하다.

글래스너[358]에 따르면 조리하지 않은 야채, 과일, 견과류로 구성된 식단은 급만성 신장염, 비만, 위장 질환, 특정한 심장 상태와 같은 다양한 질환의 치료에 유용하다. 특정 피부 질환 특히 두드러기, 여드름과 같은 알레르기성인 경우, 효과가 있으며 피부 결핵 치료에도 유효하다.

아이머[359]는 신장과 심장 질환으로 인한 부종을 치료하는데 있어서, 어떤 조리과정도 거치지 않은 야채 원료의 음식을 사용했다; 고혈압과 당뇨에 시달리는 순환계 질환에서 좋은 결과를 얻었다. 그것은 연동 운동에 도움이 되었고 건강한 사람의 위장에 불편을 주지 않았다.

현대 생식 다이어트법은 특정의 비타민 결핍증, 신장염, 당뇨병, 심장병, 그리고 만성 변비에 효과가 있다[360].

저스트[361]는 그의 독일 요양소에서 사용하고 있는 주로 생식인 3가지 유형의 (다이어트법의) 이용사례를 보고했다. 첫째로, 익히지 않은 과일들만; 두 번째는 익히지 않은 과일들과 야채들; 세 번째로는 익히지 않은 과일, 야채와 더불어 호밀, 특정 유형의 빵, 곡물, 우유, 유제품 그리고 가끔 날 달걀. 첫째와 둘째 유형은 단기 요법을 위한 것인데 두 번째는 여러 주 계속될 수도 있다. 세 번째 유형은 필요한 경우 영구적으로 쓰였다. 과일과 생야채 요법은 대사적 질환, 심장 그리고 혈관 질환, 내분비에 관련된 질환, 그리고 열이 날 때 처방되었다. 이 식단은 악성 빈혈이나 다른 혈액 질환, 중증 폐결핵 그리고 많은 신경질환과 정신질환에는 금기 사항이다.

스위스에 있는 그의 요양소에서 버처-베너[362, 363]는 당뇨병, 궤양, 그레이브씨 병, 관절염, 천식 그리고 일반적으로 영양 결핍 탓이 아닌 다른 질병에서 생식요법으로 커다란 성공을 거두었다고 주장한다. 베처-베너는 생식에 커다란 가치를 두는데 그것이 그가 부르는 바 "가벼운 누적자"라는 중대한 속성을 갖기 때문이다. 버처-베너 박사는 관찰된 효과의 원인을 찾으려고 노력하고 있다. 그러나 음식에 있어서 새로운 실체를 발명해 낼 필요가 없는 데, 주로 효소라고 알려진 그것들이 관찰된 치유 현상 모두를 설명할 수 있고, 더 나아가서 버처-베너 박사의 "가벼운 누적자"와 같은 가설적 존재에는 아직 해당되지 않는 꽤 엄격한 과학적 정밀조사를 받을 수 있기 때문이다. 제한된 양의 실험 데이터에 따르면 효소들은 빛에 의하여 심각하게 영향을 받는다.

버처-베너 박사의 이야기를 인용한다: "인간의 건강에는 두 종류가 있다. 요즘에는 거의 볼 수 없는 진짜 건강과 외면적인 건강인데, 나는 이를 '나쁜 건강을 잉태하고 있다'고 표현하고 싶다. 우리가 기꺼이 '양호한 건강'이라 부르는 것은 실제로는 질병이 활동적으로 나타나기에 앞서 있는 상당히 긴 부화기간일 뿐이다. 나는 가벼운 누적자로서의 그들의 가치에 따라 인간 영양에 필요한 물질을 세 부류로 나누었다.

- 제 1 부류- 살아있는 식물 기관이나 산물들: 견과류들, 기름, 꿀; 건강하고 제대로 양육된 소에서 나온 우유. 건강하고 제대로 키워진 닭에서 나온 달걀도 가능.
- 제 2 부류- 통밀 빵; 제대로 준비하여 요리한 야채 음식; 익힌 우유와 낙농제품; 익힌 달걀.
- 제 3 부류- 모든 종류의 고기 음식, 깡통 음식 또는 저장된 음식, 흰 밀가루 제품, 정련된 설탕, 버섯 등.

"질병이 심하고, 고치기 힘들고 체질적일수록 더더욱 가벼운 누적자 제일 부류에 속한 음식에 치중해서 영양을 섭취해야 한다."

버처-베너는 계속한다: "거위치라는 러시아인은 살아있는 물질은 실제로 형광을 발한다는 것을 논쟁의 여지없이 증명했다. 따라서 자외선이 생 양파에서는 방출되는데 익히면 그 빛은 사라진다. 파리에 사는 물리학자 라코브스키는 그의 책 생명의 신비에서 살아있는 세포는 고도로 충전된 분자와 그가 '바이오매그노모빌'이라 부르는 '결합된 형성물'을 포함하는데 이는 생명에 대단히 중요하며 생식을 통해서만 대체할 수 있다고 말한다. *세균학의 시대 이후 인간의 음식에서 생식을 배제한 것은 끔찍한 결과를 가져왔는데 특별히 암을 증가시켰다*고 그는 생각한다. 라코브스키는 암을 인류가 무균방제법에 대해 치른 대가라고 부른다."

샌프란시스코, 의과대학의 하크[364]는 생명과정에서 효소의 영향을 쓰면서 언급했다: "살아있는 원형질에서 발생하는 가장 근본적인 반응은 수화작용과 탈수작용이다. 물의 결합과 방출은 단백질, 지방, 탄수화물의 합성과 분해에서 가장 중요한 반응이다. 당분에서 전분을 아미노산에서 단백질을 산과 알콜에서 지방을 만들어감에 있어 반응은 역반응으로 진행된다; 탄수화물, 단백질, 지방의 분해에서 그것은 정반응으로 진행된다. 어떤 방향으로 반응이 진행되든, 우리는 특정 물질, 효소 그리고 아마도 비타민을 필요로 하며 이들은 명백히 반응의 방향과 속도를 조절한다. 이 반응이 멈추면 그 때 부형질이 형성되거나 원형질이 퇴화하여 죽는다. 분자와 원자를 계속 움직이게 하는 메카니즘으로 무엇이 제시될 수 있겠는가? '빛'이라고 대답해 보자. 빛은 자라는 식물이 끊임없이 흡수하고 있다. 동물의 몸에서 반응을 활성화하기 위해 동물의 몸에 필요하다. 원형질은 희미한 형광을 방출하기 때문에, 빛 에너지는 방사를 통해 끊임없이 손실되므로, 원형질이 살아있도록 유지하기 위해서는 대체되어야 하는데, 그들은 신선한 생야채나 과일 같은 '살아있는' 음식을 통해서 그리고 빛에 노출됨으로 나온다.

앞선 두 가지 설명들이 주장하는 것은 이 원고의 자료들과 비교하여 적절히 평가될 수 있다. *날 음식에 있어서 열에 약한 원질들이 있음이 의학 전문가들에 의해 반복적으로 관찰되고 있고, 생기 에너지라는 견지에서 "살아있는" 음식의 불안정한 원질을 평가하려는 노력이 지속되고 있음*을 보여주기 위해 그들을 여기에 포함한다. *생명 작용에서 F-자임의 역할을 분명히 인식하지 않으면 그런 노력은 부적절한 방향으로 진행될 것이다.*

코피스카로우[365, 366]는 대사적 자외선, 혹은 소위 생물학적 형광이 효소의 활성으로부터 기인한 것임을 분명히 보여주었다고 나는 믿는다. 그는 다음과 같이 썼다: "'프로토프라즈마'의 최근 호(21:73, 1934)에서, 나는 대사적 자외선 방사(거위치 또는 미토지네틱선)가 산화 효소들의 활성에서 나온다는 의심의 여지가 없는 실험적 증거를 제시한다. 그것은 따라서 산화 효소의 기능은 세포의 유사 분열, 염색체 수정, 유전자 변이를 책임지는 유도기능과의 접촉국면(탄수화물, 인과 황의 대사)의 결합을 대표하는 것처럼 보인다 - 이들은 서로 보완이 되는 효소 활동의 두 국면이다. 가시적 스펙트럼의 범위에 있는 대사적 방사들의 경우에는, 우리는 형광 또는 생물학적-발광이 다양한 유형의 세균, 해양 미생물, 곰팡이, 연체 폴라, 발광 해충, 발광 벌레, 반딧불, 그리고 아마도 고등 생물체에 의해 나타남을 본다. 베이저링크와 하비하자시, 오구야마 그리고 와버르그와 크리스챤의 연구에서 이 생물학적-*발광은 산화 효소의 작용으로 보인다.*

프로티[367]는 피의 자외선 방사를 측정하여 그것을 효소 활동과 상호 연관시켰다. 그는 혈액의 방사력은 자외선 영역에 속한 전자기적 방사선의 방출에 의해 나타나는 물리-화학적 속성이라고 주장했다. 이러한 광전자적 현시는 폴리펩티드와 탄수화물의 연소 과정과 밀접한 관계가 있다. 프로티에 의한 이전의 실험 자료들은 혈액의 방사력이 유기체에서 일어나는 산화와 효소 작용의 지표라는 견해를 뒷받침한다. 혈액 방사의 결과들은 나이, 성, 식습관 등에 따라 분류한 집단에 연관시켜 토의되었다. 남성과 여성 혈액의 평균 유도 효과는 44.4이다. 혈액은 그들의 방사력에 따라 이처럼 분류된다:

저방사	0 내지 30
평균	35 내지 60
고방사	50 내지 90

혈액 방사의 자료들은 동일한 방사 수치는 동일한 또는 유사한 대사 리듬에 대응한다는 가설을 지지하는 듯하다.

1934년 모나코 국제 개 협회[368]에서는 8개 나라에서 온 전문가들이 11개의 논문을 발표했다. 다음은 결론을 요약한 것이다: "개의 먹이는 생고기(날고기란 근육세포, 뼈, 내장, 내분비선, 피 등을 의미한다)가 밑바탕이 되어야 한다. 비스킷, 마른 빵, 쌀, 또는 곡물들도 또한 포함될 수 있다. 이 두 유형의 먹이는 같은 양으로 먹일 수 있다." 수의사들은 오랜 동안 양호한 건강을 유지시키기 위해서는 생고기가 필수불가결함을 안다.

모스크바 중앙 과학 영양 연구소의 레빈과 버틴[369]은 *관절염 치료*를 위해 단기간동안의 *생야채*로만 꾸며진 식단을 *권고*한다.

생 사과와 바나나로만 된 식단은 이질을 치료하기 위해서 소아과 의사들 사이에서 유행이 되었다. 어른의 경우 하루에 사과를 20개까지 먹게 할 수 있다. 다수의 문헌들이 이 주제를 다루고 있다.

셔만[370]은 분쇄한 날 통밀 5/6와 말린 생우유 1/6과 함께 식염과 증류수를 섞은 먹이를 쥐들에게 계속 먹였다. 이는 쥐로 하여금 정상적으로 성장하게 하고 성공적인 출산을 할 수 있을 만큼 건강하게 하며, 이것이 대대손손 이어졌다.

노스웨스턴 대학 연구소에서, 아이비와 그의 동료들은 40파운드의 개에게 매일 3/4파운드의 기름기 없는 생 햄버거, 빵과 우유 혼합물 소량을 오랜 기간 먹여서 개를 키웠다. 나는 생고기가 개에게 좋지 않다는 널리 퍼져 있는 인식을 논박하기 위해 이를 인용한다. *사람을 위해 음식을 적절히 선택하는 것보다 자유롭게 선택하는 것이 동물들에게는 좋은 지침이 되지 못한다는 풍부한 증거가 있다.* 자유롭게 선택하는 것은 처리과정이나 열 손상의 영향을 받지 않은 자연 식품들 사이에서는 효율적인 지침이 될 수 있다. 혼합된 음식을 주면 잡식성과 육식성 동물은 예외 없이 날 음식보다는 열처리한 음식을 선택한다. 쥐는 날 감자보다 삶은 감자를, 분쇄한 통밀보다는 빵을 선호한다. 개는 익힌 고기와 날 고기 중 하나를 선택할 때 익힌 고기를 먼저 선택한다. 음식을 양념 없이 먹어야 한다는 의미는 아니지만, 단지 혼합된 식습관에서 자유롭게 선택하는 것이 알콜, 담배, 마약을 무절제하게 사용하면 당연히 문제를 일으킨다는 것을 가정하면서도 감각에 의지하여 그들을 남용하는 것 이상으로 나을 것은 없다는 것이다.

도브[371]는 쥐, 병아리, 송아지에 있는 영양에 관한 본능을 수년에 걸쳐 연구하여 어떤 개체는 현명하고 어떤 개체는 덜 현명함을 발견하였다.

비판적인 관찰자들은 상대적으로 별로 손상되지 않는 비타민에 의해서가 아니라, 열을 사용하는 보통의 요리법에 의해 완전히 파괴되는 열에 약한 효소의 관점에서 생식의 특이한 속성을 평가할 의무가 있다. 어떤 비타민 연구자는 비타민이 상대적으로 열에 강한 점을 들어 조리를 정당화하려 해왔다. *30년 전 음식의 유용성을 단백질, 탄수화물, 지방의 함량에 의해서만 판단했던 것만큼 비타민 함량에 의해 음식의 가치를 측정하려는 것은 꼭 같은 실수이다.* 음식의 효소가 몸에 아무런 가치가 없다는 가정은 칼슘이나 철과 같은 귀중한 미네랄을 포함하고 있다고 알려져 있는 소위 음식의 회분이 신체에 필요치 않다고 당연시했던 50년 전의 실수를 반복하는 것이다. 내가 정리한 증거를 염두에 둔다면 그런 실수는 용납할 수 없다.

생식을 많이 하고 가공한 단백질과 탄수화물 음식을 적게 먹는 사람은 관습적인 식습관을 가진 사람만큼 고열을 잘 견딜 수는 없다는 인식이 널리 알려져 있다. 아이머와 카프만[372]은 발한작용에서는 물뿐만 아니라 염화나트륨도 없어지므로 잃어버린 것이 신속하게 대치되기만 한다면 인간의 열조절이 적절히 될 수 있다는 일반적인 가정을 지적한다. 다시 말하면 다량의 액체 외에 상당량의 염분을 섭취해야 한다. 반면에, 음식에 소금을 첨가하지 않는 사람은, 즉 소금이 결핍된 식습관으로 사는 사람은 열조절을 위해 필요한 발한 양이 부족해 더운 날씨에 잘 적응하지 못한다고 가정된다. 소금이 없는 생식을 하는 사람들에 대한 상반된 관찰이 나로 하여금 소금을 많이, 정상적으로, 또는 적게 섭취하는 사람들의 열 조절과 땀 배출에 관한 비교 테스트를 하도록 만들었다. 소금이 전혀 없는 생식을 하는 사람이 다른 사람들보다 한증막을 더 잘 견디었다. 땀이 나중에 나기 시작했고, 피부와 몸의 온도가 그렇게 높이 오르지 않았고, 발한 양이 적었으며, 소금의 절대 함량과 마찬가지로 그것의 비율도 낮았다. 소변에 배출된 염소량도 또한 낮았다.

스토르[373]가 관찰한 두 젊은이들은 36일 그리고 51동안 매일 1그램 이하의 소금을 포함한 음식을 먹었다. 소변의 염화물은 낮은 수준까지 감소되었다. 혈중의 염화물은 실험 기간 동안 높았다.

로비노비치와 스미스[355]는 에스키모인들이 소금을 사용하지 않음을 관찰했다. 34명의 에스키모에서 소변의 염화물 농도는 극히 낮았다. 이 낮은 값에도 불구하고 혈청의 염화물은 백인에게는 신장에 질병이 생길 수 있는 수준보다 더 많았다.

아이머와 봐트[374]는 생식(생야채, 생 달걀, 생우유 제품)으로 인한 탈수와 염분소멸이 나타난 신장 질환 4가지를 묘사했다. 건강한 유기체에서처럼 둘째 또는 셋째 날까지 변화는 멈추지 않았지만, 신체에 수분과 염분이 크게 고갈될 때까지 계속된다.

22 장 효소의 혈당 및 당뇨 저하 작용

"당뇨병과 인체 내 효소수치와는 높은 상관관계가 존재한다"

익히지 않은 음식이 활동적인 요소들을 제공한다는 사실은 조지 워싱턴 대학 병원과 위생 실험실의 로젠탈과 지글러[375]의 연구로 밝혀졌다. 오십 그램의 생 전분을 7명의 환자들에게 복용시키고, 영양상의 질병이나 당뇨가 없는 다른 2명의 환자에게는 75그램 씩 복용시켰다. 혈당량은 1/2시간 이내에 평균 100밀리리터당 1밀리그램 증가하였다가 1시간 내에 1.2밀리그램 감소하여 2시간 이내에는 3밀리그램이 감소하였다. 50그램의 익힌 전분을 주면 평균적인 증가량이 1/2시간 내에 56밀리그램; 1시간 내에 51밀리그램; 식후 2시간 이내에 11밀리그램이었다. 50그램의 날 전분을 여러 날 동안 인슐린을 주지 않은 7명의 당뇨 환자에게 먹였다. 혈당의 평균 증가는 1/2시간 내에 6밀리그램, 1시간 내에 9밀리그램 감소, 전분 식사 후 2시간 30분 내에는 14밀리그램이 감소하였다. 혈당이 시작 시점보다 떨어지는 것은 주목할 가치가 있다. 정상인의 경우는 무시할 만 하지만 *당뇨병인 경우 그것은 14에서 35밀리그램까지 다양하다.*

효모는 특정 효소, 특히 슈크라제의 좋은 원천이다. 언급하기에 너무 많은 실험들이 정상적인 동물과 인간 당뇨병 모두에서 효모의 포도당 저하 효과에 관해 보고하고 있다. 버파노[376]는 마이클리스 방법으로 효모 추출액을 준비하여 추출물이 실제로 정제한 인버타제 용액임을 알아냈다. 토끼에게 주사하자 다소간에 균일하게 당분의 감소를 가져왔다.

홀랜드와 그의 동료들[377]은 당뇨병 환자 일인당 10개의 달걀 노른자를 구강 복용시켜서 100밀리리터당 평균 30밀리그램 정도의 혈당 감소 결과를 얻었다. 활성을 나타내는 물질은 불안정해서 정제하려는 시도를 하면 혈당 저하 활동이 파괴되어 버렸다.

효모와 그로부터 효소를 추출한 것에는 효소들과 함께 인슐로이드 insuloids를 포함하고 있을 수 있는데, 이 물질은 열에 강하여 활동적인 구성 요소를 구별하려고 할 때에 혼동되는 결과를 초래할 수 있다. 아밀라제를 정맥주사 또는 구강으로 투여하여 정상인과 특히 당뇨병에 걸린 사람에게서 혈당 저하 효과가 있었음을 암시하는 많은 보고들이 있다. 효소의 이 효과가 인슐로이드와는 별개라는 것은 토끼, 개, 병아리에서 췌장관을 묶는 것이 혈당 수준을 떨어뜨리기도 하고 탄수화물에 대한 내성을 향상시키기도 한다는 사실로부터 알 수 있다.

헐크사이머, 알편과 비를로우, 수시, 내더, 프리쎌과 와그너, 맨스펠드와 쩔트, 래더너와 운테리처, 타같스, 그리고 이쿠시마는 혈당 저하 경향을 보고하였다.

나는 췌장관을 묶으면 한결같이 혈청의 아밀라제 농도가 증가한다는 것을 이미 보여 준 바 있다. 따라서 혈액에 효소량이 많을수록 그 속에 포함된 당분 양은 최소한 특정 범주 이내에서라도 더 적어진다는 것을 알 수 있다. 코헨[378]과 라이드, 퀴그리 그리고 마이어즈[261]는 개와 토끼를 가지고 간에 있는 아밀라제가 간에 당분을 축적하는 것을 촉진하는 활동을 한다는 것을 실험적으로 증명하였는데, 그곳에서는 인슐린의 영향으로 포도당으로부터 글리코겐을 만들도록 그의 작용방향이 전환된다.

로즈펠드[379, 380]는 아밀라제를 주사하면 정상 토끼의 혈당이 떨어지고 당뇨병에 걸린 개의 혈당치와 뇨당치가 줄어드는 결과를 얻었다. 그는 타액선관을 묶은 후 혈당치가 떨어지는 것은 이 선들에서부터 아밀라제를 흡수하기 때문이라고 결론지었다.

제니스와 엡스타인[381]의 보고에 따르면, 파쇄한 췌장에 신선한 췌장액을 작용시킴으로 얻은 췌장 분해물은 구강 투여 또는 정맥 주사로 주어진 49 사례 중 46 사례에서 혈당치가 현저히 떨어지게 하였다.

여러 해 전, 존스[382]는 맥아의 아밀라제를 구강으로 섭취하면 당뇨병 환자의 소변에서 포도당의 비율이 감소됨을 관찰했다.

수많은 임상의들은 아밀라제를 정맥주사하면 혈당이 감소하기에 앞서 먼저 증가됨을 발견해왔다. 어떤 사람들은 효소 용액을 가열하면 당분 감소 효과가 약해지거나 파괴된다고 주장한다; 다른 사람들은 가열해도 영향이 없다고 한다. 분명히, 가열을 하면 효소에 의한 혈당 저하 효과의 일부는 소멸되지만 인슐로이드에는 아무런 영향이 없다.

레이드와 나라야나[383]는 개에게 1-2 그램의 맥아 아밀라제를 정맥을 통하여 주사한 결과는 동물에게 최근 먹이를 주었는지 여부, 또는 최소 이틀 이상 먹이를 주지 않았는지에 따라서 달라진다고 설명했다- 전자의 경우 혈당치가 1-2 시간이 경과하는 동안에 0.08%에서 0.10%까지 높아지는데, 후자에서는 아밀라제를 주사한 후 3시간에 걸쳐서 약 0.072%에서 0.03%까지 낮아진다.

다이히만-그러브러와 마이어즈[384]는 곰팡이 아밀라제 혹은 다른 아밀라제를 정상인에게 피하주사하면 80그램의 포도당을 주입한 결과 나타나는 고혈당 효과를 최소화 할 수 있음을 보여주었다. 혈당 곡선은 훨씬 평평했고 혈당 저하 국면은 더욱 분명했다. 단식을 할 때의 혈당치가 100밀리리터당 160밀리그램인 당뇨병 환자에서 100내지 150밀리그램의 효소를 가지고 긍정적인 효과가 관찰되었으며 뇨당은 3시간 후 거의 사라졌다.

윌슨과 스트라이엑[385]은 토끼에게 맥아 아밀라제를 정맥으로 주사하여 혈당치가 급격히 떨어지는 결과를 얻었다. 췌장을 제거한 개의 혈당치에 대해서도 비슷한 효과를 나타냈다.

오텐스타인[386]은 당뇨병 환자들에게 맥아 아밀라제를 주사하여 한 두 시간 이내에 혈당치가 떨어지고 뇨당이 감소하는 것을 관찰하였는데, 어떤 경우에는 3 내지 4시간 이내에 2에서 0.2%까지 감소하였다.

소금은 별로 없고 탄수화물이 많은 음식과 함께 췌장 추출액을 먹는 경우의, 신장염, 대동맥 질환 또는 본태성 고혈압과 함께 오래된 동맥경화를 가진 선별하지 않은 9명의 환자들을 하프린[387]이 임상적 관찰을 했다. 이러한 식사를 따를 수 없었던 사람들은 그들의 일상식에다가 오렌지 3개 또는 사과 3개를 첨가하도록 권고했다. 매 식사마다 7그램씩 준 췌장 추출액은 신선한(얼리지 않은) 선에서 가열하거나 알코올로 추출하지 않고 특별히 조제하였다. 이 말린 췌장을 구강으로 투여하면 정상인의 혈당치를 낮추는 것이 관찰되었다. 후두부 두통, 어지럼증, 눈 앞에 반짝이는 별이 보이는 현상, 숨이 차는 현상들을 불평하던 환자들이 한달 후 2 내지 4 파운드 체중이 줄고 이 방법으로 증상이 호전됨을 느꼈다. 혈압은 한결같이 확장기 혈압이 100 이하로 떨어졌다. 수축기 혈압이 10 내지 20mmHg 떨어지는 것은 5개월 후 4명의 환자에게서 나타났다.

밴 스티니스[246]는 진성 당뇨병의 경우 췌장의 외부 분비물에 효소가 종종 결핍됨을 보여주는 기록을 제시했다. 매일 12 그램까지 판크레아틴을 구강으로 투여하는 것은 유익한 효과가 있었다.

바버라와 아디놀피[249]는 생 췌장을 투여하거나 또는 말린 췌장을 투여하는 것에 의해 정상화되었던 당뇨환자의 체액에 효소가 부족하다는 것을 관찰했다.

당뇨병 환자에 대한 집중적인 경험에서 바슬러[253]는 경험한 사례의 86% 이상이 십이지장 내용물에 아밀라제가 부족함을 나타냈다고 보고했다. 정상 췌장액을 보여주는 당뇨병 환자들은 인슐린이나 췌장 요법이 없이도 단순한 당뇨 조정에 의해 잘 치료되었다. 대부분의 경우 아밀라제는 감소하였고 인슐린 없이 식이요법과 췌장 요법으로 만족할만한 성과를 거두었다. 인슐린을 사용하던 당뇨병 환자 그리고 아밀라제 외부 분비가 부족한 사람들 중 최소 50%가 *식이요법과 췌액소 만으로 혈당과 뇨당을 음성으로 유지할 수 있었다.*

소의 생 췌장을 섭취한 후 진성 당뇨 환자의 혈당치가 개선되고 뇨당의 분비가 줄었음에 관련되는 보고가 실린 문헌들이 많이 있다.

배노치[388]는 가금류의 췌장을 당뇨 환자에게 구강 투여하여 뇨당이 감소케 하였다.

23 장 효소 추출액의 치유 작용

"생식의 치료효과는 효소 함유량에 달려있다"

배슬러[389], 밀리켄[390], 그리고 울프[391]는 *췌장과 췌장 추출액으로 협심증이 치료되었다는 결과*를 보고했다.

워커[392]는 관절염이 전분이 없는 음식과 30 그레인의 판크레아틴을 매일 구강으로 투여함으로써 현저하게 개선되는 4가지 사례를 관찰하였다.

브라운[393]은 장 흡수 부전증(만성질환)에서 췌장 효소들이 감소함을 발견했다. 매일 3번 씩 췌장 추출액 5~10 그레인을 구강 투여하였더니 현저한 개선이 있었다.

장 흡수 부전증에서 날 췌장 혹은 췌액소의 효과를 확증해주는 다른 보고들이 램버트, 카스텔라니 그리고 실버맨에 의해 발표되었다.

피싱거와 가즈도스[394]는 간경변 환자에게 간 리파아제를 피하에 주사하여 상당한 치료 효과를 보았고, 췌장관을 묶이고 인 중독 P-poisoned 된 개에 비경구적으로 투여하여 생명을 꽤 연장시켰다.

슈바이쩌[395]는 판크레아틴을 사용하여 피부 질환 치료에 성공을 거두었다고 보고했다.

보드첼과 킨크린[396]은 말린 파파야가 무해하고, 내성이 있으며 소화에 도움이 됨을 보여주는 실험들을 열거한다. 그들은 무산증, 소화불량, 그리고 담즙 통로 질환 등에 그것을 추천했다.

비엔나 제네랄 병원의 제일 의과의 모스텔[397]은 조제한 파파야가 광범위하게 다른 종류의 소화불량에 커다란 효력이 있음을 발견했다.

팔롬비[398]는 곰팡이 아밀라제로 소화관을 치료하여 좋은 결과를 얻었다.

노스웨스턴 대학교 의학부 생리학과의 아이비[273]는 이렇게 진술했다: "나는 췌장 분비의 결핍이 현재 믿어지고 있는 것보다 훨씬 빈번하게 사람들에게서 일어난다고 여긴다. *췌장액 결핍 시 구강으로 처방되는 효소의 효과에 관해서*는 의심의 여지가 거의 없다."

동물 조직의 지방, 크림, 그리고 올리브에는 상당량의 리파아제가 있음을 많은 연구자들이 발견해 왔는데, 이 물질들이 열처리되기 전에 검사하는 경우에만 그렇다. 반면, 사람이 비만해지면 지방의 리파아제 함량이 줄어든다고 보고되었다. 데라쿠아[399]는 비만한 사람과 지방종 환자의 지방조직의 리파아제 함량이 정상보다 적음을 발견했다.

네프리아킨과 베레진[400]은 물개의 생 지방이 대구의 간유와 유사한 특성이 있음을 발견했다. 토끼, 쥐, 모르모트에게 5 내지 9개월의 기간 동안 먹였더니 혈액세포의 형성과 발달을 촉진시켰다. 혈액과 조직에 있는 리파아제 함량이 소량이지만 안정적이고 분명하게 증가하는 것을 보여 주었다.

피싱거와 가즈도스[394]는 간경변 환자에게 간의 리파아제를 피하로 투여하자 다른 어떤 약보다 훨씬 활발한 치유력을 보여주었다. 그것은 췌장관이 묶이고 인 중독된 개의 생명을 연장시켰다.

벌태닌과 수말라이넌[17]은 돼지의 췌장 리파아제를 대량으로 모르모트에게 피하를 통해 주사하여 대부분의 효소가 유지된다는 것을 발견했다: 간에 가장 많이 저장되었다. 토끼에서도 마찬가지였다. 간의 리파아제 양은 췌장 리파아제를 주입함으로써 배가될 수 있다.

이러한 보고들은 *유기체에 들어온 효소들이 기관과 조직에 규칙적으로 저장됨*을 보여준다. 이들은 췌장 추출액이 간과 비장의 아밀라제 함유량을 원래보다 2 내지 17배 늘려 저장할 수 있음을 보여준 오엘고에츠와 동료들의 주장을 지지한다.

벨키나와 크렘레브[401]는 토끼에게 카탈라제를 주사하면 신장과 근육에 가장 많이 축적된다는 것을 발견하였다.

효소들을 규칙적으로 섭취하라고 메설리[402]는 권고한다.

수컷의 쥐에게 위장 튜브를 통해 생우유, 또는 우유와 맥아의 혼합물 5 밀리리터를 주었다. 만쯔와 쉴프[403]는 맥아 효소가 첨가되면 우유 응고체는 훨씬 섬세해지고 우유만 있을 때보다 소화력이 훨씬 커진다고 보고했다.

매그논은 1922년에서 1937년[404 ~ 408]에 걸쳐 일련의 논문을 발표하여 *조직 효소의 탁월한 치료 효과*에 대한 그의 주장을 충고하였다. 폐, 위장, 신장, 간, 그리고 다른 기관으로부터 레비데프의 방법으로 추출물을 만들어냈다. 그 추출물들은 불활성의 단백질로서가 아니라 장기적인 전기 분해에서의 생화학적 촉매제처럼 반응한다. 정상적인 피실험체에는 아무 영향이 없으나 간, 신장 또는 다른 기관의 기능 부전을 보이는 피실험체에 주사하면 기관 특이성을 보여준다. 매그논은 그 효과가 호르몬 때문이 아니며 질병에 걸린 기관의 영양을 촉진시킴에 있어서 이 효소들의 촉매 작용 탓이라고 주장한다. 기관의 효소 추출물들은 관련된 기관에 특별한 효과를 나타내고, 신장과 간에 질환이 있는 피실험체에 정상적인 영양 상태가 다시 자리잡히게 한다. 혈액 요소와 질소의 측정에서 나타나듯 신장이나 간장의 기능이 부진한 늙은 개에 있어서 1밀리그램 주사 한 번으로 혈액 상태가 개선된다. 효과는 1 내지 2 주 계속되며 실험전의 수치로 돌아가는데 5 내지 6 주 걸린다. 두 번째 주사는 유사한 효과를 갖는다. 매그논은 효과가 비타민 B나 C 때문이 아님을 증명했는데, 비타민 B 결핍으로 고통받는 비둘기에게 그리고 괴혈병에 걸린 모르모트에게 조직 효소를 주사하여 이 상황들에 전혀 영향을 미치지 못했기 때문이다.

터킬터브와 동료들[409]은 심장병이 있는 환자들에게 황소 심장을 날로 먹여 심장 기능이 개선되고 과도한 혈압이 완화됨을 관찰했다.

정상 유기체에서조차 효소의 사용을 통해 전분과 단백질 소화력을 개선시킬 수 있음은 문헌에서 찾을 수 있는 수많은 기록에 의해 증명된다. 뉴저지 농업 실험실에서 일하는 허비[410]는 아밀라제와 프로테아제를 풍부하게 포함하는 곰팡이 효소를 네 집단의 병아리에게 혼합먹이의 1, 2, 3 그리고 5% 비율로 먹였다. 4 집단에는 100 마리씩의 병아리 그리고 다섯째인 대조군 집단에는 95마리가 있었다. 20주간 먹였는데 매 집단마다 효소 재료를 먹은 병아리들이 대조군보다 훨씬 빨리 몸무게가 증가하였다. 또한 체중의 증가는 먹인 효소의 양에 비례하였다. 생후 6번째 주말에 위와 모래주머니의 함유량에 대한 테스트를 하여 효소 물질을 섭취한 병아리들이 섭취하지 않은 병아리들보다 전분과 단백질을 더 많이 소화시킨다는 결과를 얻었다. 각각의 새에 대한 최종 몸무게, 곡식과 혼합물 먹이 섭취량이 아래에 나와있다.

공급한 효소(%)	병아리 수	평균 체중(Lb)	섭취한 곡식 총량(Lb)	섭취한 혼합물 먹이 총량(Lb)
5	100	3.24	7.65	8.31
3	100	3.03	7.67	8.31
2	100	2.89	7.68	8.27
1	100	2.80	7.70	8.21
무	95	2.65	7.77	7.73

멕켄디쉬와 스트루더스[411]는 부분적으로 발아시킨 옥수수를 말린 사료를 소의 먹이로 대체하면 먹이 구성물의 소화능력이 약간 향상된다고 보고했다.

많은 연구자들은 발아하면 아밀라제, 프로테아제, 리파아제 그리고 다른 효소 수치가 여러 배 증가됨을 보여준다. 스톡홀름 대학의 피트[412]는 밀씨의 *발아가 단백질 분해 활성을 현저히 증가시킴*을 관찰했고, 다른 사람들은 밀과 보리의 아밀라제 함유량이 세 배에서 열 배 증가한다고 주장한다. 따라서 싹이 난 옥수수를 첨가하여 소화력이 증가된 것은 비타민 B에 있는 어떤 요인 때문이 아니라, 여분의 효소를 섭취한 데에 주로 기인한다고 말할 수 있다. 노스웨스턴 대학의 생리학자 아이비와 그의 동료들, 그리고 텍사스 대학의 생리학자 셀리에 의해 생체 내의 다양한 효소의 효과에 대한 정확한 측정이 수술로 준비한 개와 정상적인 사람을 대상으로 하여 최근에 행해졌다. 아이비, 슈미드트, 그리고 비젤[413]의 말을 인용하면, "담즙과 췌장액이 제거된, 완전한 십이지장 누관을 가진 개에게 곡물로 된 먹이에 맥아 효소를 첨가하면 아밀라제의 액화 작용 때문에 위장을 비우는 작업을 훨씬 용이하게 해주었다. 맥아 아밀라제를 첨가하면 대조군에서의 5 내지 12%의 향상에 비하여 30 내지 65%의 수치로 (평균 370% 증가) 전분 소화가 향상되었다." 이 실험에서 약 87%의 아밀라제가 활성이 유지된 채로 십이지장에 전달되었다. 사람의 타액의 디아스타제를 동량의 맥아 아밀라제로 대체하면, 맥아 아밀라제가 전분 소화를 상당량 더 시킨다는 결과가 나타난다. 이는 산도 4.5에서 불활성이 되는 프티알린이 산도 2.5에서 불활성화 되는 맥아 아밀라제만큼 위장에서 오래 작용하지 않기 때문이다. 불완전한 십이지장 누관을 갖고 있고 췌장액과 담즙이 제거된 개를 가지고 실험하면 위산이 좀더 빨리 증가한다는 점에서 정상과 거의 유사해지게 되는데, 물과 함께 구강으로 먹이면 30분 이내에 맥아 효소 69 내지 71%가 십이지장에서 되살아나고 우유와 함께 먹이면 34 내지 54%가 얻어진다. 타액의 결핍(침을 뱉어 낸)을 자극하기 위해 사람을 피실험체로 한 실험에서는 곡물 식사에 맥아 아밀라제를 첨가함으로써 8명의 정상인 중 7명이 전분의 위장 소화가 증가되었다. 실험 대상에서 곡물 식사와 함께 장에 전달된 활성을 지닌 아밀라제 양은 42에서 100%(평균 51%)로 달랐다. 혼합된 식사를 이용해 타액 아밀라제가 정상적인 역할을 하도록 허용한 사람의 실험에서, 맥아 아밀라제의 첨가가 열 명의 정상인 중 4명에서 전분의 위장 소화를 증가시킴이 발견되었다. 췌장 아밀라제의 결핍과 타액의 부적절한 분비가 있을 때, 프티알린 형성에 결함이 있거나 음식을 끓였기 때문일텐데, 음식에 맥아 아밀라제를 첨가하면 우리의 결과가 명확히 나타났다.

버젤, 슈미드트, 그리고 아이비[414]는 6마리의 개의 췌장관을 묶음으로써 무산증 *achylia pancreatica*을 유도하였다. 전분 함량이 높은 먹이를 주었을 경우, 대변의 전분은 18 내지 89%로 다양하였다. 맥아 아밀라제, 곰팡이 아밀라제, 그리고 판크레아틴을 구강을 통하여 투여하면 대변의 전분이 현저히 줄어들었다. *맥아 아밀라제와 곰팡이 아밀라제는 거의 동일하게 효력이 있었고 판크레아틴보다 확실하게 우월했다.*

슈미드트, 버젤, 크리텐던과 아이비[415]는 7마리의 개의 췌장관을 묶음으로써 실험적인 무산증을 유도하여 판크레아틴을 경구 투여했을 때, 대변에서 각각 60%와 59%까지 줄어 든 질소와 지방의 많은 손실을 야기하였다. 대변 양은 37 내지 42% 정도 감소되었다.

셀리[416]는 완전히 췌장이 제거되어 인슐린에 의해 유지가 되는 개 10마리에 있어서 음식에 판크레아틴을 투여하면 대변의 양이 30 내지 60% 감소되고, 배출 시간은 대략 정상값 정도로 증가되었으며, 대변 질소는 30 내지 60% 감소된다는 것을 알게되었다. 셀리는 위장에 음식이 있으면 위액으로부터 췌장 효소를 보호하며, 이런 점에서 시험관에서 이루어지는 실험과는 근본적으로 다르다고 믿고 있다.

효소가 산을 견디는 능력을 조사하기 위해 시험관에서 행해진 *이전의 실험들은 유기체 내의 생리학적 조건에서 효소가 불활성화 된다고 여겨지지 않는다.*

24 장 요약

1. 인류의 원시 조상들은 음식을 조리하는 동물이 *아니었다*. 조리 시대 이전의 생리학적 과정들은 효소를 포함한 수많은 물질을 포함하는 음식과 잘 조화되어 있었다.

2. 점점 더 많은 증거들이 명시하고 있는 바는 유기체 내의 효소들, 비타민들 그리고 호르몬들 사이에는 밀접한 생리학적 연관성과 상호작용이 있으며, 최소량 이하를 섭취하면 균형이 깨져 왜곡된 활성이 나타난다는 것이다.

3. 효소는 비타민과 마찬가지로 자연 상태의 모든 생야채와 동물 조직의 정상적인 구성 요소이다. 따라서 모든 야생동물들은 분명히 그들의 먹이와 함께 효소를 섭취한다. 불과 조리법을 사용하기 전의 초기 인류도 마찬가지였다. 결과적으로, 영양에 있어서 F-자임의 위상에 관련된 어떠한 의문에 있어서 그를 증명해야 하는 짐은 F-자임이 불필요하다는 입장을 선택한 자들에게 부과된다. 이러한 허술한 입장은 유기체가 매 식사 때마다 F-자임을 충분히 보충받는 삶을 유지해 왔던 셀 수 없이 긴 시간동안의 복잡한 생리학적 반응에 F-자임이 아무런 흔적도 남기지 않았다는 모순을 선택하고 있다.

4. 비타민과는 달리, 효소는 극히 열에 약하여 몇 분만 끓여도 완전히 파괴된다. 63도씨에서 반 시간정도 처리하는 공식적인 저온처리법의 과정에서 극히 소량을 제외한 모든 효소는 죽는다.

5. 원시 조리법은 현대의 조리 과정만큼 철저하거나 효율적이지 않다. 결과적으로 효소의 파괴가 덜했다.

6. 생리학의 특정 문제들을 더 잘 설명하기 위해서는 물질적인 측면과 비물질적인 측면을 갖고있는 생물학적 존재로서 효소를 생각할 필요가 있다. 제한된 화학적 견지에서만 효소의 성질을 생각한다면 효소에 속한 모든 사실들이 설명될 수는 없다. 효소 복합체는 에너지 요소로 충전된 물질적 운반체로서 그려져야 한다.

7. 시험관 내에서 효소가 장에 침투하지 못한다는 것은 살아있는 내장 안에서 효소가 흡수되는 메카니즘과는 닮은 점이 거의 없다.

8. 내장 통로로부터 유기체 내로 효소가 흡수되는 것이 정규적인 생리 과정이라는 증거로서 다음의 사실들이 있다.

(a) 효소 분자가 너무 크거나 복잡해서 죽은 장을 통과할 수 없기 때문에 살아있는 장을 통해 흡수될 수 없다는 가정은 다음 사실들에 의해 잘못되었음을 알 수 있다.

(1) 효소를 포함하고 있는 효모 세포들은 흡수된다.

(2) 효소로 가득 찬 박테리아가 흡수된다.

(3) 쪼개지지 않은 단백질 흡수는 뚜렷하게 규칙적으로 발생한다.

(b) 대량의 효소 추출액을 경구 투여하면 소변을 통하여 대량의 효소가 배출되나, 혈청의 효소 수준에는 별다른 변화가 없다. 흡수는 림프계를 통해 이루어지고 유기체의 저장 장치가 일시적으로 초과되면, 잉여분은 즉시 소변으로 배출된다는 증거가 있다. 이러한 현상을 조사하는데 있어서 혈청은 적절한 매개체가 아님이 분명하다.

(c) 타액선, 위장, 췌장, 소장을 통해 위장관으로 들어 간 다량의 효소 중 단지 소량 만 대변에서 검출된다. 효소가 재흡수된다는 가정을 해야 나머지 부분에 대한 설명이 가능하다.

(d) 효소가 흡수될 수 없다는 이론을 견지하기 위해서는 유기체가 타액선, 위, 췌장 그리고 소장으로부터 위장관으로 매일, 매주 마다. 매달 마다 쏟아져 들어가는 엄청난 양의 효소를 대변으로 배설함으로써 낭비할 수 있다는 비논리적인 가정을 포함해야만

한다. 실험적인 췌장 누관이라는 수단에 의해 췌장액과 그 효소 함유량을 몸밖으로 빼내면 급격히 쇠약해져 죽는다는 것에서 알 수 있듯이, 사실상 유기체는 췌장의 분비가 몇 주만 정지되어도 그 결손을 견디지 못한다. 사람의 췌장 누관에 있어서도 높은 비율로 사망이 초래된다. 사망이 효소 결손으로 인한 것이지 체액이나 염분 소모량 때문이 아니라는 것은, 분비로 인한 효소 손실이 없는 경우들인 담즙 누관을 실험적으로 사람에게 적용시키면 그렇게 치명적인 결과가 나타나지 않는다는 사실에 의해 증명된다. 담즙 누관인 경우 적절한 음식을 주면서 잘 돌보면 계속 생명을 유지한다.

(e) 환자에게 *효소 추출액을 경구 투여하여 여러 가지 시스템적 장애를 개선*시킬 수 있다. 보고된 유익들이 오직 위장관에서의 소화 능력의 개선에 근거해서만 설명될 수 있다는 증거는 없다. 다른 증거와 함께 고려해 보았을 때, 섭취한 효소가 몸에 흡수되어 이런 특정의 효과를 낳았으며, 치료 결과의 최소한의 부분이 그 조직에서 직접적으로 이루어진다는 것이 더 그럴듯해 보인다.

9. 정상적인 인간의 소변은 정상 혈청보다 상대적으로 효소를 더 많이 포함한다. 소변의 효소 수준은 몸의 상태에 따라 생리적인 광범위한 변화에 영향을 받기가 쉽다. 따라서 통제된 조건 아래에서 소변은 효소의 *흡수력에 관한 연구에 있어서 좀더 민감하고 좀더 적절한 매개체*이다. 효소의 흡수성을 검사하는데 있어서 혈청을 이용한 조사 결과는 이런 사실을 염두에 두고 평가되어야 한다.

10. 고칼로리 음식은 저칼로리 음식보다 날 것의 상태에서 훨씬 많은 효소를 함유하므로, 고기나 감자를 *가열하여 먹음으로써 손실된* 효소를, 예를 들어 *샐러드*와 같은 생야채를 먹는다고 보상할 수는 없다. 이 점은 특별히 강조할 필요가 있는데 비타민이나 미네랄의 균형을 맞추느라 과일과 잎사귀 야채가 흔히 이용되기 때문이다.

11. 한 끼의 생식에서 얻는 효소 값은 작지만 평생에 걸친 생식을 통해 얻는 효소 총량은 분비된 소화액의 효소 값 뿐 아니라 유기체 전체의 효소 값까지도 훨씬 능가한다. 외부에서 들어간 효소가 소화와 신진대사의 노동을 감당하게 되면 내부의 효소가 덜 필요할 것이다. 효소 활성은 소변, 대변 그리고 땀 안에서 소비된 특정량의 효소를 날마다 잃어 버리고있는 유기체에 힘든 업무를 부과한다. *효소가 외부에서 들어와 보충되지 않으면 정상적인 매일의 효소 손실*로 말미암아 *신체의 효소 포텐샬이 조기에 고갈되고 따라서 일찍 노쇠하여 죽게 된다.*

12. 실험적 증거에 따르면 특정 자극에 반응하여 여러 기관에서 효소가 분비된다. 전분 음식은 아밀라제의 분비를 자극하고, 단백질 음식은 프로테아제를, 지방 음식은 리파아제가 더 많이 분비되게 한다. 이러한 음식과의 관련성은 육식동물의 췌장과 대변이 초식 동물의 췌장과 대변보다 트립신을 더 많이 함유하고 아밀라제는 덜 함유한다는 비교에 의해 확증된다. 이처럼 유기체가 고도로 구체적이고 유동적으로 반응한다는 것은 애부더할덴의 연구에 의해 더 구체화된다. 그는 다양한 물질을 유기체에 주사하여, 들어간 물질에 꼭 맞는 특정 효소가 소변에 나타남을 보여주었다. 유기체 내에서 F-자임이 이렇게 이용된다는 것은 음식 전체가 먹기 전에 더 이상 소화할 필요가 없는 물질로 소화되고 분해되었다면 - 모든 탄수화물은 포도당으로 분해되고 단백질은 펩톤으로 지방은 지방산으로 분해되었다면- 신체의 소화 효소가 할 일이 없어지는 상황이 된다는 논리와 연결된다. 정상적으로 소화 효소의 분비를 자극하는 전분, 단백질 그리고 지방이 없기 때문에 관련된 효소를 최대로 공급할 필요가 없어서 효소 포텐샬이 저축된다. 결과적으로 소변, 대변 그리고 땀으로 소모된 효소가 나타나는 것에서 보여지듯이, 매일 매일의 소모가 줄어든다.

13. 음식에 본래 들어있는 효소에 의해 음식이 소화되는 정도를 여러 연구자들은 과소 평가해왔다. F-자임의 소화 작용은 시험관과 살아있는 동물의 기관들 안에서 모두 볼 수 있다. F-자임은 측정할 수 있을 만큼의 일을 하며 유기체의 효소를 대체하고 *보존*한다는 것이 관찰되었다.

14. 밀, 쌀, 보리, 사탕수수, 우유, 꿀, 고기 그리고 다른 *음식*들에 있는 *효소*와 *소화 분비액*에 있는 같은 효소를 비교하면 그들의 속성이 *같음*을 알 수 있다. 유기체는 특정 필요에 따라 적정 산도를 조정한다. 유기체가 식물성 단백질을 동물성 단백질로, 그리고 식물성 전분을 동물성 전분(글리코겐)으로 바꿀 수 있기 때문에, 간단히 수정 과정을 거쳐서 식물성과 동물성 효소가 마찬가지로 흡수되고 이용되리라는 기대를 할 수 있다.

15. 암, 심장병, 당뇨, 관절염과 같은 많은 *질환*의 *발병*은 비타민 섭취에 대한 관심이 늘어나고 있음에도 불구하고 계속 늘어나고 있다. 이런 질병들이 영양학적인 문제에 근거한다는 자각이 새로운 옹호를 받아가고 있는 한편으로, F-자임을 포함하여 가능한 모든 무기들을 고려해보는 것이 중요하다. *효소 결핍은 결정적인 요인*으로 의심받기에 충분하리만큼 잠행성이다. 파멸적인 산업의 발전은 음식의 섭취에서 효소의 결핍이 더 많이 일어나도록 했으며 만성질환의 발병률도 병행하여 증가되었다.

16. 동물에게 공급함으로써 음식의 비타민 값을 측정하는데 보통 사용하는 방법은 음식의 완벽한 적정성을 표시하기에는 불충분한데, 이는 인간의 삶의 주기에서 초기 성숙기에 해당하는 기간, 즉 초기 성장기만을 관찰하였기 때문이다. 비타민을 시험하는 기술은 그것이 전체 수명을 유지하는 기간 동안 장수를 촉진하고 질병에 안 걸리도록 하는 최적의 음식섭취를 위한 요구조건을 제시하는데 실패했기 때문에 오류일 수밖에 없다. 쥐가 한참 자랄 시기에 비타민을 기준으로 판단하여 적절한 먹이라고 가상된 음식을 통하여 양호한 건강을 보여주었다는 사실은 동일한 먹이가 노년기 혹은 중년기에조차 양호한 건강을 유지하게 해줄 것이라는 증거가 되지는 않는다. 반대로, 동물의 전체 수명 전반에 걸친 먹이 공급에서 *비타민만 보충한 먹이를 먹였을 때 수명의 후반부에서 많은 퇴행성 질환들이 실험 동물들에게서 나타났다.*

17. 식물을 날로만 먹는 초식동물의 췌장이 상대적으로 매우 작다(상대적으로 인간의 절반이 안됨)는 사실은 소화에서 *F-자임이 하는* 중

요한 역할을 믿을 수 있게 증언하고 있다. 초식동물의 췌장이 작을 뿐 아니라, 소와 양의 타액선은 활성이 없어서 탄수화물의 소화에 도움을 주는 효소가 전혀 없음을 보여준다. 이들 초식동물들의 음식이 주로 탄수화물이므로 커다란 췌장과 극히 활발한 타액선을 필요로 한다는 사실에도 불구하고 그렇다. 섭취한 음식에 들어있는 효소가 초식동물들의 소화에 많은 부분을 담당하지 않는다면 이런 다양한 사실들을 어떻게 조정하여 설명할 수 있겠는가?

18. 그들의 원인에 대한 효과를 추적케 하는 일련의 증거에서 또 하나의 연결고리는 열처리한 효소 결핍 음식에 의해 과도한 일을 부담케 된데 대해 인간과 동물의 췌장이 반응한 결과를 조명함으로 찾을 수 있다. 주로 익힌 탄수화물인 쌀을 먹는 동양인들이 미국인의 췌장보다 대략 50% 무겁다는 증거들이 있다. 동양인의 타액선 또한 더 크다. 실험 동물에 있어서 기관들의 무게에 대한 연구는 일단의 쥐들(활발한 타액선을 가진 쥐들이다)에게 열처리한 탄수화물이 많은 먹이를 주고 일정 기간 후 희생시켜 보면 혼합된 먹이를 준 대조군에 비해 췌장과 타액선의 평균 무게가 현저히 증가하였음을 보여준다. 이는 췌장과 타액선이 필요에 의해 효소를 더 많이 만들어야 하기 때문에 상당히 비대해 질 수밖에 없었음을 나타내며, 동물실험을 통해 사람에게서 발견된 바를 확증하는 것이다. F-자임을 그대로 다 섭취하는 소와 양이 상대적으로 많은 탄수화물을 작은 췌장으로 타액선의 도움 없이 완전히 소화하는 반면, 열처리된 혼합 식사, 즉 F-자임이 부족한 식사를 하는 인간은 더 작은 양의 탄수화물을 소화시키기 위해 커다란 췌장과 활발한 타액선을 필요로 한다. 더구나 *탄수화물을 주식으로 하는 화식 습관은 인간과 동물의 췌장과 타액선을 더더욱 커지게 한다.*

19. 신진대사 활성이 증가되면 비례하여 혈청의 효소 함유량이 증가되며 소변으로 잃어버리는 효소의 양도 증가된다는 것을 밝혀 주는 수많은 보고들이 있다. 신진대사가 근본적으로 효소 활성의 함수라면 유기체의 소변을 통하여 효소의 일부를 상실하는 것은 이해할 만 하며, 이러한 "사용된" 효소의 배출은 그런 대사적 노력의 대가로서 자연스런 결과로 인식되어야 한다. 신진대사가 증가된 경우

소변에서 여분의 *효소가 손실되는 것*은 온도 상승, 추가적인 육체 노동, 늘어난 먹이 섭취 등이 이루어졌을 때 실험 동물들의 수명이 짧아지는 것을 평가하는데 특히 중요성을 가진다. 신진대사의 활성을 고양시키는 근육작업, 열, 음식 섭취 증가, 임신 등은 혈청의 효소 값을 상승시키고 소변을 통한 효소의 배출을 증가시킨다.

20. 체액의 효소 함유량이 정상 이하로 관찰되면 피상적으로 이를 종종 췌장 기능의 부진으로 연관지었다. 드러난 증거에 따르면, 이는 근본적인 결핍, 즉 췌장의 무리한 이상 비대를 예방하는데 필요한 효소 대체물을 공급하는데 있어서 음식에서의 결핍을 보충하려는 췌장의 끊임없는 노력인 것 같다.

21. 효소의 주요 특징 중 하나는 온도 상승에 따라 활성이 가속화된다. 즉 정상 체온에서보다 40도씨 이상 열이 나는 상태에서 효소가 더 빨리 작용한다는 점이 흥미롭다. *온도 상승에 따라 효소의 반응이 증가하는 것은 세균이나 다른 침입자에 대항하는 우리 몸의 주된 방어 기작의 기능을 한다.* 왜냐 하면, 열이 올라가면서 세균 활동이 감소하는 반면, 효소의 활성은 증가하기 때문이다. 이와 관련하여, 염증에 대항하는 백혈구 세포가 다른 어떤 세포보다 더 다양한 효소들을 갖고 있음을 상기할 수 있다. 주로 효소 함유량 덕에 백혈구 세포는 식균작용의 특징인 박테리아의 소화 작용을 나타낼 수 있는 것 같다.

22. 효소가 없는 먹이를 견디어 온 동물 유기체의 능력을 종합적으로 조사하는 것은 공기 중의 세균, 효모, 그리고 곰팡이를 매개로 들어온 외부 효소를 배제할 것을 요한다는 것을 뒷받침하는 증거들이 제시되고 있다. 효소 생산자로서의 이런 단세포 유기체들의 효율은 산업화 과정에서 널리 알려져 왔다. 효소가 결핍된 동물 유기체들이 그들의 효소를 몰수할 목적으로 세균, 효모, 곰팡이에게 성장을 위한 거처를 마지못해 제공한다고 믿을 근거가 충분하다. 그러한 증거는 *효소 결핍 유기체가 외부 효소를 부자연스럽게 충당하는 것*은 다루기 힘든 정도의 세균 활동을 불러 일으켜 *감염되기 쉽게 한다*는 강한 의심을 보증해 준다. 세균 질환이 광범위하게 퍼지는 것을 설명하는 이러한 요인들에 일치시켜 적절한 고려를 해야 한다.

23. 별 중요성이 없는 상황이 사람과 10종의 일반적인 동물들의 혈청과 소변에 있는 아밀라제 함유량에 대한 수많은 연구자들의 연구에 의해 제공된다. 사람의 혈청에는 조사한 동물 중 효소 함유량이 가장 작았다. 그리고 사람의 소변으로 배설된 효소의 양은 다른 동물들과 유사했는데, 인간의 혈청에서 발견되는 양과 비율이 맞지 않았다. 이 흥미로운 역설을 정확히 해석하기는 어렵지만, 예외적으로 낮은 인간 혈청의 효소 함유량이 소변으로 상당량 소실된다는 것은 의미심장하다. 이러한 모순은 열처리하여 효소가 결핍된 음식을 사람이 섭취하고 있는 것과 관련된다는 암시가 있다.

24. 반대되는 모든 증거를 무시한다고 하더라도, 음식에 있는 효소가 필수불가결하다는 가정은 논리적이다. 사실 생식에 존재하는 효소가 소화액의 효소 대신 소화시키는 부담을 감당하는 것은 막을 길이 없다. 생식에 있는 효소는 소화 효소가 기능을 발휘하기 전의 분쇄 활동 시 세포벽이 파열된 바로 그 순간 활성화된다. 따라서 F-자임이 불필요하다는 가정은 어떤 것이라도 불합리하다.

25. 췌장과 다른 효소 분비선의 위상을 분명히 할 필요가 있다. 효소 분비 기관을 구성하는 조직 몇 그램이 매일 힘들여 만들어지는 그 많은 효소를 공급할 수 있다는 가정이 일반적이다. 췌장은 췌장액이 만들어지는데 필요한 단백질, 소금, 물 등을 자신이 갖고 있는 물질로부터 공급할 수 없음이 분명하다. 냉정하게 생각해보면 효소의 생기적인 구성 요소는 음식 또는 유기체의 세포들에 의해서 공급되어지고 혈류를 따라 췌장에 운반되어야 함을 알 수 있다. 분비 조직을 숙주 유기체에서 외과적으로 제거하면 급속히 피폐된다. 백혈구 세포가 광범위하게 이동하고 풍부하고 다양한 효소를 갖고 있음을 고려한다면, 그들을 효소가 췌장으로 전달되고 유기체의 이곳저곳에 이동하는 주된 수단으로 간주하는 것이 논리적이다. 백혈구 세포가 흡착에 의해 그들의 효소 에너지의 일부를 한 단백질에서 다른 단백질로 옮길 수 있다는 것은 믿기 어려운 일이 아니다. *췌장*은 따라서 *조합하고, 통제하여, 지급하는 기관*에 불과하게 된다. 일반적으로 말해서, 췌장액의 효소 함유량이 기준 이하이면 췌장만 관련된 부분적인 문제로 해석할 것이 아니고, 유기체 전체 세포들이 효소 결핍 상태에 있다는 증거로 받아들여져야 한다.

26. 실험적인 췌장 절개술은 혈청과 소화 분비액에 있는 효소 농도를 적정선으로 유지하는데 있어서 체내의 조직들이 주된 역할을 한다는 증거를 제시했고, 조합하고 조절하고 나눠주는 기관으로서 췌장이 맡는 종속적 역할을 강조했다. 췌장 절개에 이어 혈청에서 효소 값이 떨어진 것은 인슐린 주사하면 수술 전 값까지 또는 그 이상으로 갑자기 상승될 수도 있다. 적절한 수단을 사용하면 동물이 췌장이 없이도 수년간 건강을 유지하며 살 수 있다. 언제부터 적정 혈청치에 다시 오르게 되는 이러한 효소들이 나오는가? 내분비선의 안내를 받아, 체내의 효소는 보통 당장의 긴급사태에 따라 사용되도록 움직여진다고 인정해야 한다. 췌장 분비액, 혈청, 그리고 체내 조직에 있는 효소들의 적정 산도가 다르기 때문에 효소 특성을 조정하는 유기체의 능력이 탁월하다는 것을 알 수 있다. 따라서, 이러한 이유에 근거하여, *F-자임의 흡수와 활용 개념에 임의적인 한계를 설정하는 것은 정당하지 않다.*

27. 체내 조직이 소화 효소나 혈액 효소의 저장소로 인식되지 않는다면, 활력이 없는 조직을 가진 인간의 혈청 효소 수준이 정상적인 췌장을 가지고 있음에도 불구하고 종종 낮아지는 반면, 실험 동물의 처음 만들어진 세포조직이 췌장이 완전히 제거된 상태에서 정상 혈청 효소 수준을 유지하는 이유를 어떻게 설명할 수 있겠는가? 췌장과 다른 분비선들이 효소, 특히 효소 복합물의 생기적인 부분을 체내 조직에 의존하고 있다는 것을 인정한다면, 이 효소 에너지를 공급하는 조직들의 능력은 연구할 것이 많은 분야이며 중요도 순위가 높아진다. *효소 포텐샬*로 명명할 수 있는 이 능력은 분명히 *고정되어 있고 제한되어 있다.* 다르게 가정하는 것은 자연의 법칙을 부인하는 것이다.

28. 효소 포텐샬과 흔히 생기라고 알려진 것 사이에는 많은 유사점이 있다. 효소 복합물의 생기적 요소를 가지고 유기체 안에서 작용하는 이 미묘한 힘의 동의어인, 효소 에너지, 효소 활성, 대사 활성, 생기 에너지, 뇌력 저항성, 생명력, 그리고 무어 교수가 일컫는 바 "생명의 힘"은 증거에 의해 매우 유력한 후보자가 된다. 효소 개념의 예외로서 통상 사용되는 "저항성"을 포함한 이러한 용어들 모두

는 모호하고 추상적이며, 구체적이고 측정이 가능한 실체들을 나타내는데는 실패하고 있다. 따라서 그렇게 불확실한 용어를 계속 사용할 정당한 이유가 없다. *정확한 측정이 가능한 효소들이 생기의 진정한 잣대로 등장한다.*

29. 물벼룩과 초파리의 수명은 온도에 따라 달라진다. 추운 환경에서는 효소의 급속한 고갈은 일어나지 않고 육체 활동은 느려져, 물벼룩 수명이 108일 간 지속되는 반면, 온도가 20도 높아지면 효소가 더 빨리 사용되고, 곤충이 활동적이 되면서 수명은 26일에 불과했다. 보다 더 따뜻한 온도에서는 수명이 약 400% 감소되었으나 심장 박동수는 약 400% 증가되었다. 물벼룩 평생의 심장 박동 수 총량(약 1,500만)은 *수명에 상관없이 거의 같아서* 유기체는 생기 또는 효소 포텐샬의 총량이 고정되어 있음을 보여주었다.

30. 초파리, 물벼룩, 민물송어 그리고 쥐의 수명은 주어진 먹이의 양에 따라서도 달라졌다. 먹이의 양은 당연히 관련된 효소의 양을 결정한다. 먹이를 제한 없이 준 경우, 효소 소모를 가중시켜 수명이 가장 짧았다. 기아 상태에 빠지지 않을 만큼으로 먹이의 양을 제한한 경우 *효소를 경제적으로 사용하게 해서, 수명이 현저히 늘어나* 때로는 두 배가 되었다.

31. 사람과 마찬가지로 초파리의 기초 대사량은 나이가 들어감에 따라 점차적으로 줄어들었다.

32. 장수와 최대 성장은 양립하지 않는다는 증거가 있다. 쥐와 곤충들을 불충분한 먹이를 공급하여 체중을 줄이면 더 오래 살았다.

33. 제한된 양의 먹이를 먹고 산 물벼룩은 오랜 수명을 유지하지만, 먹이의 양을 제한하지 않아 단명하는 경우보다 심장 박동율은 느렸다. 이 실험 결과의 독자적 결론은 기록이 남아있는 386명의 사람들을 수명에 따라 두 집단으로 나눈 펄 교수에 의해 내려졌다. 오래 산 집단의 개인은 단명한 집단보다 평균 *26년 더* 살았다. *오래 산 사람*들은 단명한 집단보다 *체중이 평균 3킬로그램이 가볍고 심*

장 박동율이 분당 4번 적었다. 여분의 효소는 체중 초과분에 의해서 뿐만 아니라 심장의 초과 활동을 촉진하는데 관련되어 소모되었다. 효소 포텐샬이 생명을 지속할 수 없는 정도까지 빨리 고갈되면 단명하게 된다.

34. 오래 사는 유형의 초파리의 야윈 몸 전체의 효소 함유량은 단명하는 유형의 초파리의 효소 함유량에 비해 상당히 더 많다. 소위 인류의 장수에 미치는 조상 혈통의 추정된 영향력은 따라서 어느 정도 확인이 되며, 높은 에너지 소비율과 장수의 혈통을 가진 특정인들의 보기 드문 남용 능력이 설명된다.

35. 쇠약한 파리와 메뚜기의 몸 전체의 효소 함유량은 초기 성숙기에 가장 많고 늙으면 최소가 된다.

36. 쇠약한 투구벌레의 몸 전체의 효소 함유량도 청년기에 가장 크고 늙은 투구벌레의 경우는 절반 정도로 감소했다.

37. 쇠약한 쥐 몸 전체의 효소 함유량은 장년기에 제일 많고 나이가 들면서 노년의 최저점까지 줄어든다.

38. 사람의 타액의 아밀라제 함유량은 81세 때보다 25세 때 평균 30배 많게 관찰되었다.

39. 사람의 소변의 아밀라제 함유량은 젊은이보다 노인들이 매우 적었다.

40. 48도씨라는 비정상적 고온에서 양육된 투구벌레는 처음에 매우 활동적이다가 점차 움직임이 없어져 죽은 듯이 보인다. 매 시간마다 몸 전체를 검사하면 효소 함유량의 점차적인 감소가 관찰된다. 시험관에서 기질에 작용하는 효소도 유사하게 행동한다. 고온일수록 행동능력은 증가되지만 급격히 파괴되고, 저온일수록 반응물은 감소되나 훨씬 느리게 파괴된다. 상승된 온도의 영향 아래 있는 동물 유기체의 행동이 시험관 내에서 작용하는 효소의 행동과 동일하기 때문에 *생명력과 효소 포텐샬은 하나로 같은 것이라* 결론지을 수 있다.

41. 소위 개선된 영양과 관련하여 최근의 대학생들과 같은 집단의 성장 속도와 신장이 늘어났다고 해서 완전히 긍정적인 것이라고 확신할 수 없다는 증거를 문헌들은 제시한다. 학생들에 대한 연구들은 최대의 신체적 발육과 최적의 건강 사이에 양립하지 않는 점이 있음을 보여준다.

42. 노인 조직의 미네랄 성분과 질병으로 죽은 젊은이의 것을 비교하면 *질병 시 노년에 일어나는 것과 유사한 경향이 일어남을 관찰할 수 있다.*

43. 일반적인 믿음과는 반대로, 수명의 절대적 길이는 연장되지 않았다. 사실 오늘날 70세인 사람들이 90세 까지 살 가능성은 41년 전보다 더 줄어들었다. 이는 효소 섭취가 줄고 삶의 보조가 빨라진데 따라 효소 소비율은 늘어났다는 근거로 편리하게 설명할 수 있다.

44. 그들의 자연상태의 서식지에서 살아가는 야생 밀림 동물들에게 잘 정의된 병적 상해가 있음을 적어놓은 기록은 없다. 사로잡힌 야생 동물에게 질병이 발병한 경우는 대단히 많다. 과거에 임의적으로 평범한 먹이를 주던 때는, 다양한 질환이 많이 발병하였다. 높던 폐사율이 최근에는 급격히 감소했는데, 특히 사자, 호랑이, 그리고 영장류 같은 귀중한 동물원의 동물들에게 F-자임을 포함하는 날 음식을 주기 시작하면서부터 그렇게 되었으며, 이와 함께 출산율과 수명도 특별히 개선되고 질병 발생이 감소되었다.

45. 수백 마리의 가축 토끼 17 기관들의 무게를 연구하였는데, 자발적으로 발생한 질병으로 인해 거의 모든 토끼의 기관 무게가 확실히 변화되었음이 관찰되었다. 가벼운 것일지라도 질병은 그 질병과 직접 관련이 없는 기관의 무게에도 영향을 미칠 수 있으며, 발생한 효과는 장애의 범위와 활성 모두에 대해 관련성을 갖고 있다.

46. 전체 수명 기간 내내 전통적으로 사람들이 먹는 것과 같은 먹이를 먹으며 키워진 쥐 집단, 또는 인공적으로 미네랄과 비타민을 보충한 먹이를 먹은 쥐 집단은 비타민을 시험해 보는 단 기간 동안에는

쥐에게 나타나지 않는 많은 병리학적 상태가 생겨난다. 오랜 기간 비타민을 보충해 주는 식단 실험에서 질병이 나타난다는 것은 양호한 건강과 장수를 모두 누리기 위해서는 F-자임을 포함한 모든 음식의 구성요소를 유기체가 필요로 한다는 예시가 된다는 추론을 피하기 어렵게 한다.

47. 열처리하고, 비타민을 보충한 먹이로 유지된 동물과, 가열하지 않은 날 것을 먹이로 유지된 동물 사이에서 건강, 육체적 상태 그리고 수명이 다른 것은 효소로 대표되는 극히 내열성이 약한 구성요소 때문이라고 밖에는 할 수 없다.

48. 기질을 바꿀 경우 효소 활성 변화는 아마도 에너지 소비를 포함할 것이다. 효소는 존재할 뿐이지 과정에서 사용되지 않는다는 이론은 충분히 탐구되어 본 적이 없다. 그것이 근거로 삼고 있는 증거도 설득력이 없다. 자연 법칙을 부인한 듯 보인다.

49. 미국 인디언이나 밀림 부족들 같은 조리하는 종족들은 다소간에 포괄적인 처방전을 가지고 있고, 주술의사는 부족에서 중요한 구성원이다. 여기에 비해서 격리된 북극 에스키모는 놀라울 정도로 대비되는데, 최북단에 살고 있는 이들은 음식의 대부분을 *생으로 조리하지 않은 채* 먹으며 처방전도 없고 외견상 *주술 의사의 필요성도 없다.*

50. F-자임의 중요성에 관해 알려진 지식을 고려하면, 메치니코프가 불가리아 농부들의 장수를 무해한 일종의 장내 세균이 자리잡은 이유로 설명하려고 한 것은 근거가 확실해 보이지 않는다. 오래 사는 이들이 섭취하는 칼로리의 많은 부분이 효소를 풍부하게 가지고 있는 생식이었다고 설명하는 편이 훨씬 더 낫다. 그들의 식단의 많은 부분을 차지하는 신 우유, 단 우유, 버터, 치즈 등의 낙농제품을 생으로 저온살균법을 적용하지 않은 채 먹는다. 따라서 전통적인 화식을 먹는 요즘 사람들보다 효소 포텐샬이 덜 손실되어서, 농부들은 *노년까지 생명을 유지하는데 충분하게 높은 효소 포텐샬을 보유하고 있었을 것이다.* 낙농제품은 칼로리와 효소 모두의 중요한 원

천이므로 고칼로리, 열처리 음식과 효소가 별로 없는 과일과 채소를 먹는 요즘 음식보다 균형이 더 잘 잡힌 음식이다.

51. 음식에 있어서의 효소의 중요성을 더 잘 보여주는 증거는 사람과 소의 생우유와 저온 살균한 것 또는 열 처리한 것이 유아와 쥐에 미치는 효과를 비교 연구하여 얻어졌다. 한 연구에서, 시카고에 있는 20,000 명 이상에 달하는 유아 중 죽어가는 아이들의 7%가 모유를 먹인 집단에 속했던 반면 66%는 우유를 먹인 집단에 속해 있었다. 보스톤에서 수행한 또 다른 실험에서는, *모유를 먹인 아이들의 사망율이 우유를 먹인 집단의 $\frac{1}{4}$에 불과했다.* 생우유는 아이들의 충치 예방에도 공헌하였다. 생우유를 먹인 쥐의 뼈는 저온 살균우유를 먹인 쥐보다 칼슘과 인의 함유량이 약간 더 많았는데, 생우유에는 포스파타제 phosphatase가 있고 저온 살균우유에는 그것이 없는 것이 주요 요인임을 암시한다. 저온 살균우유로 키운 2 세대 및 3 세대 쥐들을 보면, 털이 빠지고 피의 헤모글로빈 함유량이 생우유를 먹인 쥐들보다 약간 작았다. 몇몇 연구자들은 생우유에는 있지만 저온 살균우유에서 파괴되며, 알려진 비타민 중 그 어느 것도 아닌 성장 촉진 요소에 주의를 기울인다. 저온살균 온도 63도씨는 효소에 극히 파괴적이고 비타민 C를 제외한 다른 비타민에는 무해하다는 사실은 생우유의 우월성은 우유에 있는 효소 때문이라는 것을 분명히 해준다. 게다가 쥐의 영양에 필요치 않다고 보고된 비타민 C는 거의 손상이 없는데 반해 효소는 저온 살균에 의해 거의 다 파괴된다.

52. 격리된 원시 에스키모들은 실험실에서의 통제된 요구조건들의 기회와 비교되는 조건들 아래서 F-자임 개념의 정당성을 연구하는데 훌륭한 기회를 제공한다. 섭취하는 음식은 주로 육류, 생선, 그리고 가금류로 구성된다. 대부분의 음식을 날로 먹으며 나머지는 설익혀 먹는다. 생선을 많이 먹는데 겨울에 구덩이에 묻어 자체의 효소로 인하여 자가 분해되게 하여 치즈의 특성과 비슷한 특성을 갖게 하여 날로 먹는다. 소화액에 포함된 효소를 포함하여 생선을 통째로 먹는다. 물개의 간을 소중히 여기며 소화액을 포함하고 있는 동물 위의 내용물까지 날로 먹는다; 상당량의 리파아제를 포함하는 물개

지방도 또한 먹는다. 물개 지방에 리파아제가 있다는 것으로 어째서 에스키모들이 소변에 아세톤이 없다는 것에서 확인되듯이 케톤증을 완전히 피할 수 있을 만큼 완벽한 지방의 신진대사를 하는지가 설명된다. 문명 국가에서는 오로지 열에 익힌 단백질과 지방만을 먹기 때문에 케톤증이 잘 나타난다. 원시 *에스키모의 건강은 탁월하다.* 신체 검사, 뇨 분석, 혈액 분석, 기초 대사 그리고 뢴트겐 검사를 통해 수집된 증거에 의하면 어떤 병리학적 조건에 대해서도 거의 100% 음성으로 나타났다. 이는 고기 소비량이 하루에 5 내지 10 파운드에 달한다는 것을 기억할 때 더더욱 놀라운 일이다. 주거 상태도 관습적으로 건강에 좋다고 여기는 정도가 아니다. 건조한 나무 집에서 살고 옷을 사 입으며 가게에서 현대의 음식을 살 기회가 있는 *현대화된 에스키모*의 경우에는 상태가 놀랄 만큼 달라진다. 이러한 조건들 아래서는 *질병이 수두룩하여* 원시 에스키모와 뚜렷한 대비를 이룬다.

53. 효소의 진짜 성질에 관해서 지성적인 의견이 우세하려면 단편적인 증거에만 비중을 둘 것이 아니라, 가능한 모든 화학적, 생물학적 사실들을 조합하고 조화시키는 것이 필수적인데, 그렇게 함으로써 관련이 없는 사실들이 서로를 보완하는 경우가 많다.

54. 생우유, 생 과일 주스, 생야채 주스 그리고 생 과일과 야채와 같은 여러 유형의 생식이 갖고 있는 치료적 가치가 고치기 어려운 만성 질환에서 정립되었고 수많은 임상의들에 의해 보고되었다. 임상 의료진들 사이에서는 일정량의 생식 습관은 최적의 건강을 유지하기 위해 필요 불가결하다는 의견이 암암리에 그러나 분명히 퍼져있다. 생식이 특별히 좋은 점은 간혹 "살아 있는" 성질 때문이다. 생식은 살아있는 음식이라 일컬어진다. 증거에 따르면 생식습관의 독특한 가치는 그 효소 함유량에 달려있다.

55. 과다한 염분의 사용은 일반적으로 좋지 않다. 소금을 포함한 다양한 염들이 소화 기관에서와 마찬가지로 시험관에서도 효소의 활성을 자극한다고 논증할 수 있으며, 열처리한 음식에서 소금에 대한 유기체의 성향은 소화 효소에 대한 필요에 의해 두드러진다. 익힌

음식에 소금을 넣지 않으면 "밋밋한" 맛이 나는데, 음식이 풍미가 없어서 소화 분비물이 적당히 흐르지 않기 때문이며, 소화가 지체될 수도 있다. 그러나 생식을 할 때는 식염이 필요 없다. 결과적으로 소변으로 염화물의 극히 소량만 분비되고 혈액의 염화물은 소금을 넣은 화식을 한 경우보다 더 많아서 예기치 않았던 놀라운 발견을 했다. 이 부조화는 *소금기 없는 생식을 하는 사람들이 소금 넣은 화식한 사람보다 한증막을 더 잘 견딘다*는 사실과도 연결된다. 이렇게 혼돈을 일으키는 증거의 관점에서 본다면 열에 노출되는 직업을 가진 사람들에게 염분을 더 섭취하게 하기보다는 생식을 더 많이 하도록 권고하는 것이 더 합리적인 듯 하다.

56. *당뇨병 환자에게 외부 효소를 보충하여* 얻는 좋은 *효과*는 고혈당증이 있을 때 생식의 온건한 혈당 저하작용에 의해 배가된다. 효소에 의한 효과는 아밀라제나 슈크라제를 경구 투여 또는 정맥 주사한 후 당 함유량이 떨어지는데서 나타난다. 효모, 간, 달걀 노른자처럼 효소를 포함하는 여러 가지 날 것들이 고혈당증과 뇨당을 감소시킨다. 내열성이 강한 인슐로이드라 불리는 것은 당뇨 환자에게서 두드러지는 혈당 저하효과를 발휘한다. 효소의 혈당 저하작용이 인슐로이드와 별개라는 것은 토끼, 개, 닭의 췌장관을 묶었을 때 혈청의 효소 수준이 올라가는 것에 의하여 혈당 수준이 낮아지거나 탄수화물에 대한 내성이 증진된다는 사실에 의해 명쾌해진다. 당뇨병 환자의 소화액, 혈액, 그리고 소변의 효소 함유량이 낮다는 보고가 자주 나타난다는 사실에 비추어 볼 때 효소 투여에 따른 유익이 기대된다.

57. 소화관, 심장 혈관 그리고 피부병에서, 관절염과 장 흡수 부전증에서 외부 효소를 보충함에 따라 나타난 독특한 결과들은 문헌들에서 인용되어 왔다. 특별히 괄목할만한 결과는 알레르기에 관련된 많은 조건들에서 얻어졌는데, 오엘고에츠 학파의 이론에 따르면 혈류에 완전히 소화되지 않은 음식물들이 있어서 알레르기가 일어난다고 한다. 혈청 효소 수준이 높을 때, 혈류는 그의 소화를 강제함으로써 조직에 어떤 우발적 물질도 침입하지 못하게 하는 완충 매개체 역할을 하게 되어 있다. *효소의 경구 투여가 췌장* 또는 *타액의 소화*

*력이 부족할 때 효과적*이어서 질소, 지방 그리고 전분이 변으로 손실되는 것이 뚜렷이 감소됨이 실험적으로 증명되었다. 나아가서, 경구 투여된 효소는 정상적 평균 이상으로 소화를 촉진시킬 수 있음이 관찰되었다.

25 장

결 론

1. *효소는 세포로 구성된 모든 물질의 정상적인 구성 요소이다.*

2. 효소는 비타민 보다 훨씬 *열에 약하다.*

3. 모든 야생 동물들은 충분한 효소를 함유하고 있는 날 먹이만 먹고 산다. 초기 인간들도 그랬다.

4. *현대의 조리법*은 원시 시대의 조리법보다 *더 많은 효소를 파괴한다.*

5. 효소 복합물은 물질적인 측면과 비물질적인 측면으로 구성된 생물학적 실체이다. 효소와 촉매는 모든 특징에서 공통된 것은 아니다.

6. 죽은 장에서 보여지는 효소의 투과성에 관한 양태는 살아있는 장에 의해 효소가 흡수되는 것에 대한 판단 기준이 아니다.

7. 광범위한 *효소의 흡수성*은 다음의 증거에 의해 *증명된다*:
   (a) 효모 세포, 박테리아, 그리고 분해되지 않은 단백질들이 흡수된다.
   (b) 경구 투여된 효소는 소변에서 검출된다.
   (c) 다량의 효소가 소화관으로 분비되지만 소량만이 대변에서 검출된다.
   (d) 실험적인 또는 사람의 췌장 누관에 의한 췌장 효소의 손실은 급속히 치명적이어서 효소를 대변으로 많이 배출해도 괜찮다는 가정을 무효로 만든다. 반면, 효소가 희생되지 않는 실험 또는 사람의 담즙 누관은 죽음이 불가피하지는 않았다.
   (e) 효소 추출액을 환자에게 경구 투여함으로써 시스템적 질병이 좋아지는 결과를 얻었다.

8. *생식에 있는 효소는 소화에 있어서 분비된 효소보다 먼저 작용한다.* 외부에서 공급되거나 음식에 있는 효소는 씹어서 세포벽이 찢어지는 순간에 활성화되며 그리고 (인체) 내부에서 분비된 효소가 나타나기 전에 작용하기 시작한다.

9. 내부 효소는 전분, 단백질, 지방 등 *특이적 자극에 대한 반응으로 분비된다.*

10. *신진대사와 소화*는 노역을 *강요하여* 효소 포텐샬을 고갈시키고 소변, 대변, 땀으로 "사용된" 효소를 배출하게 한다.

11. 얼마간의 소화가 *외부의 효소*에 의해 수행되었다면, 내부 효소의 분비를 유도하는 자극이 약해진다. 결과적으로 *효소 포텐샬이 덜 소실된다.*

12. 생식의 효소 값은 작지만 수 년에 걸친 생식 습관에서 얻을 수 있는 총합계는 소화 분비물과 몸 전체의 효소 값을 훨씬 능가한다.

13. 실험적 증거에 의하면 F-자임이 시험관과 살아 있는 동물의 기관에서 측정할만한 양의 소화 작용을 한다.

14. 비타민 분석 기술은 실험 동물의 유아기에서 건강을 유지하는데 효과적인 음식이 중년과 노년의 건강을 유지하고 질병을 예방하는데도 마찬가지로 효과가 있으리라는 확신을 주지 못한다.

15. 초식동물의 췌장은 상대적으로 미국 성인의 것에 비해 절반에 불과하며 그들의 타액선은 효소를 분비하지 않는 반면, 사람의 타액선은 극히 활동적이다. *효소를 함유하고 있는 생식을 하는 초식동물들이 작은 췌장과 효소가 없는 타액으로 많은 탄수화물 음식을 소화할 수 있는* 반면, 열처리하여 효소가 결핍된 식습관을 가진 사람이 커다란 췌장과 활성이 높은 타액을 가지고 있다는 사실은 *F-자임의 유용성*에 관해 확실한 증거가 된다.

16. *열처리한, 고 탄수화물의 쌀 등을 주식으로 하는 동양인들의 췌장은 상대적으로 미국인의 것에 비하여 약 50% 더 무겁고, 그들의 타액선도 또한 더 무겁다.* 효소가 결핍된 탄수화물 음식을 많이 섭취한데 대한 반응으로 췌장과 타액선이 비대해지는 것은 동물에서도 실험적으로 확증되었다.

17. 근육 노동, 임신, 열, 과식 등으로 인해 신진대사 활동이 증가되면 혈청의 효소량도 병행하여 늘어나고 소변에 "사용된" 효소 손실도 늘어난다.

18. 질병에 걸린 체액의 효소 함유량이 정상 이하로 측정되는 것은 궁극적으로 췌장 기능 결핍으로 격하할 수 없는 것은, 그것이 근본적 결함, 다시 말해, 조직의 효소 포텐샬을 유지하는데 꼭 필요한 효소를 공급하지 못하는 화식의 결함으로 인한 것이기 때문이다.

19. 백혈구 세포는 다른 어떤 세포들보다 훨씬 더 다양한 효소를 갖고 있다. 따라서 식작용食作用의 특징인 소화 작용 특성이 따라서 더 잘 정의된다.

20. 열 fever의 *보호적 가치는 열이 올라감에 따라 효소 활동이 증가*하는 반면 열 상승에 따라 세균 활동이 감소한다는 사실에 의해 예시된다.

21. F-자임을 섭취할 수 없을 때 동물이나 유기체가 박테리아의 효소를 빼앗아 사용할 수 있다는 것을 예시하는 것으로 해석을 할 수 있는 증거가 있다. 그러한 행위가 무해하다는 데는 심각하게 의심해야 할 여지가 있다.

22. 조사한 10 종의 동물 중, 인간의 혈청에 가장 작은 양의 효소가 함유되어 있었으나 사람의 소변에 있는 "사용된" 효소량은 대략 다른 동물들만큼 많았다. 다른 증거와 함께 고려해 보았을 때, 이러한 모순은 사람이 열처리하여 효소가 결핍된 식사를 섭취하는 것과 관련이 있다는 암시가 있다.

23. 인슐린 치료가 지원되는 실험적인 췌장 절개 시술 이후 정상적인 혈청 효소 수준이 유지되었음은 조합하고, 조정하고, 분배하는 기관으로서의 췌장과 다른 효소 분비 기관이 담당하는 종속적인 역할을 강조하고 조직들이 효소의 궁극적인 저장소임을 명시한다.

24. 효소 복합물의 생기적 요소와 함께 유기체 내에서 작용하는 미묘한 힘의 동의어인, 효소 에너지, 효소 활성, 대사적 활성, 생기 에너지, 신경력, 저항성, 그리고 생명력은 증거의 본성에 의해 그럴 듯해 진다. 효소는 정확한 측정이 가능한 *생기*의 진정한 잣대이다.

25. *효소 포텐샬, 생기 그리고 "저항성"* 이 하나이며 모두 동일한 존재라는 것은 다음의 증거에 의해 강조된다. 생명의 길이는 에너지 소비의 속도에 반비례한다.

(a) 온도의 영향

(1) 온도가 높을수록 시험관에서 효소의 작용 속도를 증가시키지만 상응하는 속도로 효소의 불활성을 초래한다.

(2) 열이 높을수록 소변으로 효소 손실이 많이 일어난다.

(3) 빨라진 움직임에 의해 측정되듯이 고온일수록 초파리와 물벼룩의 삶의 박자가 증가되지만, 이에 상응하여 수명은 단축된다.

(4) 탈모, 체중 감소, 신장 감소, 피부 주름, 굼뜬 동작 그리고 생식 불능과 같이 고령에 이르고 있다는 증거는 온도의 영향을 받는 에너지 소산의 속도에 따라 좀더 빨리 혹은 좀더 늦게 나타날 수 있다.

(5) 고온일수록 냉혈동물의 이산화탄소 생산이 늘어난다.

(6) 고온일수록 씨의 발아 속도가 빨라진다.

(7) 고온일수록 알의 부화 속도가 빨라진다.

(b) 음식의 영향

(1) 음식의 소비량은 관련된 효소의 양을 조절하고 결과적으로 매일의 소변의 대가를 결정한다. 유기체가 소변을 통해 매일 희생하는 효소의 양은 음식의 영향을 받으며, 식후의 즉각적인 상승과 함께 규칙적인 상승과 하강 주기가 있게 된다.

(2) 음식의 소비량이 많아지면 초파리, 물벼룩, 쥐 그리고 송어의 수명이 현저히 단축되었다.

(3) 음식의 양과 다양성이 증가할수록 대학생들의 신장이 증가되고 백색증이 걸린 쥐의 체중도 늘어났다. 체격 발달이 더 잘된 학동들일수록 유기적인 결함이 더 많이 나타난다.

(c) 유전의 영향

(1) *장수하는 유형의 초파리는* 단명하는 유형보다 *에스터라제와 프로테아제의 함유량이 상당히 더 많았다.*

(2) 사람이 장수하는데 있어서 유전적 영향이 있음은 널리 알려져 있다.

(d) 씨앗의 효소량과 생육력은 시간이 지나가면서 감소한다.

(e) 야윈 초파리, 메뚜기, 투구벌레, 쥐의 몸 전체에 있는 효소 함유량은 초기 성숙기에 제일 많고 나이가 들어가면서 최소한으로 줄어든다.

(f) *사람의 타액과 소변의 효소량은 나이가 들면서 현저히 감소한다.*

(g) 체액의 효소량은 질병이 많으면 감소한다.

(h) 기초 대사량은 노년에 감소한다.

(i) 한편에서의 최대 성장과 체격의 발달과, 다른 한편에서의 최대 수명, 양호한 건강, 그리고 육체적 결함으로부터의 자유 사이에는 불일치가 있다.

(j) 질병에 걸렸을 때 나타나는 조직의 화학적 성분 변화는 나이가 들면서 나타나는 변화와 유사하다.

26. 밀림의 동물들은 퇴행성 질환이 없다. 동물원의 동물들이 이전에는 폐사율도 높고 질병에도 잘 걸렸으나 생식을 시키면서 급속히 안정되었다.

27. 질병이 발생된 기관들의 무게 변화는 모든 기관의 보완적인 무게 변화와 관련된 증상의 발달을 수반하였다.

28. 장기간에 걸쳐 비타민을 보충한 열처리 음식을 이용한 실험들에서 질병이 생긴다는 것은 효소를 포함해서 음식의 모든 구성 요소가 유기체에 필요하다는 예시가 된다.

29. 열처리하고 비타민을 보충한 음식으로 사육한 동물들과 열처리하지 않은 생식으로 사육한 동물들 사이에 건강, 육체적 상태, 수명 등이 다른 것은 효소로 대표되는 열에 극히 약한 요소 때문이다.

30. 원시 미국 인디언과 같이 포괄적으로 주술 의사가 필요한 조리하는 종족과 *생식을 하여* 약이 필요 없는, 따라서 주술 의사도 필요 없는 *에스키모* 사이에는 놀랄만한 대비가 이루어진다.

31. 메치니코프는 무해한 장내 세균 때문이라고 했던, 불가리아 농부들의 전설적인 장수는 생으로 먹은 낙농제품 속에 함유되어 있는 효소에 기초하여 설명하는 것이 더 만족스럽다.

32. 모유를 먹인 아이와 우유를 먹인 아이들 사이에서 발병률과 사망률이 차이가 나고, 충치 발생률과 헤모글로빈 함량, 생우유와 저온 살균우유를 먹인 쥐들의 뼈에 든 칼슘과 인의 함유량 등이 차이가 나는 이유는 *저온 살균우유에는 전혀 없지만 생우유에는 포함되어 있는* 여러 가지 효소들 때문이다.

33. *격리된 원시 에스키모의 건강이 탁월하고 현대화된 에스키모들의 발병률이 치솟는 것은 음식의 섭취에서 효소의 유용성을 보여주는 데 있어서 비길 데 없이 좋은 예이다.* 원시 에스키모들은 위액, 췌장액, 장액의 효소들 모두를 포함하고 있는 많은 양의 생선을 통째로 먹는다; 위액과 그 효소를 포함하여 동물의 위장 내용물과 간; 그리고 다량의 날고기를 먹는다. 단백질과 지방이 많고 탄수화물이 적은 식습관에도 불구하고 케톤증이 거의 없는 이유는 물개 지방에 있는 리파아제를 포함하는 음식을 통해 효소를 섭취하는 것과 관련된다.

34. 여러 가지 유형의 *생식 습관*의 *치*료 효과가 확증되었고, 그의 독특한 가치가 그 *효소* 함유량에 달려 있다.

35. 화식을 하는 사람들이 보편적으로 소금을 갈망하는 것은 소금에 의해 자극된 효소 활성의 증가의 필요에 의해 강화되는 것으로 생각

된다. 소금 섭취의 불쾌한 영향은 소금기 없는 생식을 할 때는 소변으로의 염화물 배출은 극히 낮으면서 혈액 염화물은 예외적으로 높은데서 나타난다.

36. 효소의 혈당 저하 작용은 효소를 경구 또는 정맥으로 주입하거나, 효소를 함유하는 생식을 섭취하거나, 그리고 췌장이나 타액선 결찰을 통해 혈청의 효소 수준을 증가시킴으로써 나타났다.

37. 수많은 질병에 대한 효소 치료의 성공사례들이 보고되어 왔다. *경구 투여하면 효소는 위장관에서 효과적으로 작용하며 내부 효소가 정상적인 농도로 존재하는 데에서도 상당한 소화작용을 보여준다.*

참고문헌(References)

1. McCay et al, J.Nutrition,10:63-79(1935)
2. Stefansson, J.Amer.Dielet. Assoc.,13:102-19(1937)
3. Westenbrink, Arch. Neerland. Physiol.,20:116-22(1935)
4. Shuger and Arnold, Proc. Soc. Exp. Biol.Med.,29:494-6(1931-32)
5. Fisher, Proc. Soc.Exp. Biol. Med.,28:948-51(1930-31)
6. Fisher, Proc. Soc.Exp. Biol. Med.,29:490-94(1932)
7. Tychowski, Compt.Rend.Soc.Biol.,104:538-40(1930)
8. Alexander et al, J.Clin.Invest.,15:I 63-67(1936)
9. Ratner, Amer.J.Physiol.,109:86-7(1934)
10. Ratner & Gruehl, J.Clin.invest.,13:517-32(1934)
11. Wilson & Walzer,Amer,J.Dis.Children,50:49-54(1935)
12. Crandall,.Amer.J. Digest. Dis. & Nut.,2:230-5(1935)
13. Oelgoetz et al, Amer.J. Digest.Dis. & Nut.,3:159-61(1936)
14. Oelgoetz et al, Medical Record, Oct.21,1936
15. Oelgoetz et al, Amer.J. Digest. Dis. & Nut., September (1934)
16. Oelgoetz et al, Amer.J. Digest.Dis. & Nut., December (1934)
17. Virtanen & Soumalainen, Zeit. Physiol. Chem.,219:1-21(1933)
18. Boldyreff, Quart. J. Exp. Physiol.,10: 115-201 (1916)
19. Sansum, Southwestern Medicine,16:452-62(1932)
20. Renda, Semena Medica,2:1190-3(1924)
21. Elson, Urol. & Cutan. Review,39:408-10(1935)
22. Sellei, Urol. & Cutan. Rev'iew,41:112-5(1937)
23. Sellei,Klin. Woch.,13:1725-27(1934)
24. Masumizu, Tohoku J.Exp.Med.,5:1-11(1924)
25. Kallo, Zeit. Ges. Exp.Med.,86:848-53(1933)
26. Kallo, Frankfurt. Zeit. Pathol.,48:305-9(1935)
27. Kokutyo, Japan J. Med.Sci'.,2:115-30(1933)

28. Cohen, Brit.J.Exp.Pathol.,6:173-9(1925)
29. Cameron, Med.J.Australia,1:91-4(1923)
31. Reid, Brit.J.Exp.Pathol.,6:314-26(1925)
32. Carlson & Luckhardt, Amer.J.Physiol.,23:143-64(1908)
33. Wohlgemuth,Biochem.Zeit.,21:81-422(1909)
34. Kleinmann & Sharr, Biochem.Zeit.,251 :275-328(1932)
35. Schlesinger Deut. Med. Woch.,34:593-5(1908)
36. Moeckel & Rost, Zeit.Physiol.Chem.,67:433-85(1910)
37. Myers & Reid, J.Biol.Chem.,99:595-605(1933)
38. Watanabe, Amer.J.Physiol., Vol.45, Dec.1917
39. Boldyreff, Skand.Arch.Physiol.,49:96(1926)
40. Ivanov & Basilewitsch, Zeit.Ges.Exp.Med.,55:107-10(1927)
41. Wohlgemuth, Crundriss der Fermentmethoden, Berlin J. Springer Verlag(1913)
42. Howell, Text-Book of Physiology,7th Ed.
43. Villaret & Justin-Besancon, Nutrition,6:209-22(1936)
44. Sampogna, Zent.Biochem.Biophys.,13:609
45. Harrison & Lawrence, Brit.Med.J.,1:317-9(1923)
46. Morabito, Pediatria Revista,37:1335-42(1929)
47. Gerner, Hospitalstid,74:963-74(1931)
48. Gray & Samogyi, Proc.Soc.Exp.Biol.Med.,36:253-5(1937)
49. Zucker et al, Amer.J.Physiol.,102:209-21(1932)
50. Engelhardt & Gertschuk, Biochem.Zeit.,167:43-53(1926)
51. Neilson & Lewis, J.Biol.Chem.,4:501-6(1906)
52. Nielson & Terry, Amer.J.Physiol.,15:406 (1906)
53. Samytschkina, Pflugers Arch.,230:680-8(1932)
54. Simon, J.Physiol.Pathol.Gen.,9:261(1907)
55. Evans, Biochem.Zeit.,48:442-7(1913)
56. Piccaluga, Studium,21:427-32(1931)
57. Goldstein, Arch. Verdauungskrankh,40:56-75(1927)
58. Koldayev Charcov, Med.J.,1:37(1916)
59. Romijn, Acta Drov. Neerland, Physiol. Phar, Micro.,3:93-4(1933)
60. Krzywanek & Schakir, Biochem.Zeit.,220:342-7(1930)

61. Abramson, Acta Med.Scand.,86:478-85(1935)
62. Abderhalden, Fermentforschung,12:129-79(1932)
63. Abderhalden, Fermentforschung,12:229-43(1932)
64. Abderhalden, Fermentforschung,13:291-7(1932)
65. Abderhalden, Fermentforschung,13:505-43(1932)
66. Abderhalden, Fermentforschung,13:544-62(1933)
67. Abderhalden, Fermentforschung,14:43-53(1933)
68. Abderhalden, Fermentforschung,14:76-104(1933)
69. Abderhalden, Fermentforschung,14:443-61(1935)
70. Abderhalden, Fermentforschung,15:49-93(1936)
71. Abderhalden, Fermentforschung,15:93-120(1936)
72. Molinar, Deut.Med.Woch.,43:326-9(1917)
73. Andreev & Georgiewsky, J.Biol.Med.Exper, U.S.S.R.,14:51-8 (1930)
74. Andreev & Georgiewsky, Arch.ges.Physiol. (Pflugers), 230: 33-41(1932)
75. Andreev & Georgiewsky, Arch.ges.Physiol. (Pflugers), 235: 428-37(1935)
76. Mangold & Dubiski, Arch.Tierer Tierz.,4:507-25(1931)
77. Schwarz & Teller, Fermentforchung,7:229-46(1924)
78. Aron, Biochem.Zeit.,9:163-84(1908)
79. Grimmer, Biochem.Zeit.,4:80-98(1907)
80. Boas, Klin. Woch.,9:2295-6(1930)
81. Matveev, Therap.Arch.,U.S.S.R.,12:140-4(1934)
82. Reichert, The Differentiation and Specificity of Starches, published by The Carnegie Institution, Washington, DC.
83. Mangold, Biochem.Zeit.,156:3-4(1925)
84. Pozerski, Bull.Soc.Sci. Hyg. Aliment.,21: 1-29(1933)
85. Roseboom & Patton, J. Vet.Med.Association,74:768(1929)
86. Roseboom & Patton, Amer.J.Physiol.,100:178(1932)
87. Buddle, Zeit.Kinder.,46:295-209(1928)
88. Anat. Record,32:119-32(1926)
59. Yearly Average Weights, Chicago Stock Yards

90. Private Communication by Dr. Fenger, Armour & Co.
91. S.Sisson, Textbook of Veterinary Anatomy
92. Philosophical transaction Crisp(1865)
93. Sitsen, Mededeel Dienst Volksgezondheid Nederlandsch-Ind., 3:490-9(1927)
94. Sitsen, Anthropologischer Anzeiger,7:103(1931)
95. DeLeon et al, Philippine J.Sci.,52:97-127(1933)
96. Jackson, Morris Human Anatomy,8th Ed.,(1925)
97. Schaefer, Anatomical Record,32:119-32(1926)
98. John, J.Amer.Med.Assoc.,101:184-7(1933)
99. Flaum, Klin.Woch.,11:1704-5(1932)
100. Flaum, Wien.Arch.Inn.Med.,23:201-22(1932)
101. Glaser & Bannet, Klin.Woch.,12:345(1933)
102. Jackson, J.Nutrition,3:61-77(1930)
103. Brown, Pearce & Van Allen, J.Exp.Med.,42:163-78(1925)
104. Brown, Pearce & Van Allen, J.Exp.Med.,43:241-62(1926)
105. Brown, Pearce & Van Allen, J.Exp.Med.,44:85(1926)
106. Dehlhougne, Deut.Arch.Klin.Med.,165:213-22(1929)
107. Cerner, Bibliotek for Laeger,123:437-70(1931)
108. Kreyberg, Norsk.Mag. Laegevidenskap,5:992-1003(1926)
109. Pavel et al, Wiener Arch.Innere Med.,28:133-44(1935)
110. Thomsen, Ugeskrift for Laeger 91:1045(1929)
111. Pfeiffer, Zeit.Ges.Exp.Med.,47:386-405(1925)
112. Solovtzova, Russky Vrach,16:569-601(1917)
113. Spinelli, Minerua Med.,1:201-7(1932)
114. Frohlich & Neumann, Wien.Arch.Inn.Med.,27:245-62(1935)
115. Eckhardt, Jahrb. fur Kinderheilk,142:319-43(1934)
116. Eckhardt, Deut.Arch.Klin.Med.,177:51 7-26(1935)
117. Bach & Lustig, Magyar Oruosi Archivum,32:301-13(1931)
118. Ma, Monat.Kinder.,36:363-76(1928)
119. Bohmig, Wien.Arch.Inn.Med.,14:129-48(1927
120. Solaroli, Arch.Fisiol.,37:69-96(1937)
121. Amer.J.Physiol.,56:408-14(1921)

122. Burge, Amer.J.Botany,15:412-5(1928)
123. Viale, Rend.Accad.Lincei.,33:314-5(1924)
124. Burge & Neill, Amer,J.Physiol.,47:13-24(1918); (124a)55:301-2 (1921) 55:299- 301(1921); 61:574-76 (1922); 63:545-F(1923)
125. Pett, Biochem.J.,29:1898-1904(1935)
126. Wasteneys, Biochem.J.,30:1171-82(1936)
127. Swanson, Cereal Chemistry,12:89-107(1935)
128. Jono, Acta Scholae Med. Univ.Imp.Kioto,13:211-38(1931)
129. Vercesi, Folia Gynaecol.,18:309-29(1923)
130. Katsu, Japan J.Obst.Cyn.,16:2-8(1933)
131. Ammon & Schutte, Biochem.Zeit.,275:216-33(1935)
132. Koebner, Zeit.Ges.Exp.Med.,76:792-803(1931)
133. Hileman & Courtney, J.Dairy Sci.,18:247-57(1935)
134. Biochem.Zeit.,166:172-89(1925)
135. Arch.Wiss.Prakt.Tier.,58:375-84(1928)
136. Proc. Soc. Exp. Biol. Med.,32:564-6(1934)
137. Kendall, Boston Med. & Surg.J.,163:322(1910); Wisconsin Med.J., June (1913)
138. Levin, Skandinavisches Arch.Physiol.,16:249(1904)
139. Corson-White, Disease in Captive Wild Animals and Birds, J.B.Lippincott & Co.,(1923)
140. Reid & Meyers, J.Biol.Chem.,99:607-13(1933)
141. Schlesinger, Deut.Med.Woch.,34 :593-5 (1908)
142. Moeckel & Rost, Zeit.Physiol.Chem.,67:433-85(1910)
143. King, Amer.J.Physiol.,35:301-32(1914)
144. LoMonaco, Boll. Soc. Ital. Biol. Spar.,2:215-8(1927)
145. Wohlgemuth, Biochem.Zeit.,21:391-431(1909)
147. Northrop, Physiol.Rev.,17:144-51(1937
148. Willstatter, Chem.Rev.,13:501-12(1933)
149. Compton, Proc.Roy.Soc.London,87:245(1914)
150. Biochem.J.,7:26-622(1913)
151. Biochem.Zeit.,219:30-50(1930)
152. J.Am.Chem.Soc.,41:231(1919)

153. J.Gen.Physiol.,2:215(1920)
154. J.Biol.Chem.,38:229(1919)
155. J.Inst.Brewing,39:487-93(1933)
156. J.Indian Inst.Sci.,13:159-64(1930)
157. J.Indian Iust.Sci.,14:47-50(1931)
158. J.Indian Inst.Sci.,12:185-90(1929)
159. J.Indian Chem.Soc.,11:339-50(1934)
160. Mem.Coll.Agr.Kyoto Imp. Univ.,6:23-53(1928)
161. Ind. & Eng.Chem.,23:71-4(1931)
162. Zeit.Unter.Leben.,71:311-8(1936)
166. Biochem.Zeit.,21:131(1909)
167. Zeit.Exp.Path. Therap.,8 : 398(1910)
168. Biochem.Zeit.,57:84(1913)
169. Zeit.Physiol.Chem.,197:42-54(1931)
170. Biochem.Zeit.,241:316-63(1931)
171. Biochem.Zeit.,251:275-328(1932)
172. Naturwissenschaften, 17:85(1929)
173. Invest. Tzen.Nauch-Issle. Inst.Koz.Prom.,24: No.2,(1932)
174. Biochem.Zeit.,81:109(1917)
175. Fermentforschung,1:533(1916)
176. J.Biol.Chem.,31:201(1917)
177. Biochem.J.,10:130(1916)
178. Biochem.J.,30:549-57(1936)
179. Klin.Woch.,7:163-5(1928)
180. Zeit.Ges.Exp.Med.,69:179-92(1929)
181. Biochem.Zeit.,212:53-9(1929)
182. Zeit.Ges.Exp.Med.,76 : 792-803(1931)
183. Biochem.Zeit.,64:13(1914)
184. Biochem.Zeit.,193:18-38(1928)
185. Nagoya J.Med.Sci.,3:51-73(1928)
186. J.Biol.Chem.,105:199-219(1934)
187. J.Biol.Chem.,108:421-30(1935)
188. J.Am.Chme.Soc.,55:320-4(1933)

189. Zeit.Physiol.Chem.,146: 151-7(1925)
190. J.Agr.Chem.Soc.Japan,11 : 68-76(1935)
191. Biochem.Zeit.,36:280(1911)
192. Zeit.Physiol.Chem.,204:259-82(1932)
193. Zeit.Physiol.Chem.,186:212-22(1930)
194. Moore, Biochemistry-A Study of the Origin, Reactions and Equilibria of Living Matter Longmans,Green & Co.(1921)
195. Toland, Cleveland Med.J.,15:377(1916)
196. Ekman, Ann.Soc.Zool.Bot.Fennicao Vanamo,10:1-141(1930)
197. Laird, Medical Record,101:535-40(1922)
198. Willstatter, Chem.Rev.,13:501-12(1933)
198. Wohlgemuth, Biochem.Zeit.,21:432-46(1909)
199. Waldschmidt-Leitz & Reichel, Zeit. Physiol.Chem., 204:197 (1931-32)
200. Ciri, Biochem.Zeit.,275:106-11(1934)
201. Sherman, Caldwell & Adams, J.Biol.Chem.,88:295-304(1930)
202. S.Morgulis, Fasting and Under Nutrition, E.P.Dutton & Co., New York,(1923)
203. Willstatter & Rohdewald, Zeit.Physiol.Chem.,221:13-32(1933)
204. Willstatter & Rohdewald, Zeit.Physiol.Chem.,185:267-80(1929)
205. Kleinmann & Scharr, Biochem.Zeit.,251:275-328(1932)
206. Stern, Zeit.Physiol.Chem.,204:259-82(1932)
207. Iglauer, Folia Hematol.,44:159-68(1931)
208. Konn, Tohuku J.Exp.Med.,17:31-8(1931)
209. Motai, Nagoya J.Med.Sci.,3:51-73(1928)
210. Kleinmann & Rona, Biochem.Zeit.,241:283-363(1931)
211. Willstatter & Bamann, Zeit.Physiol.Chem.,180:127-43(1929)
212. Willstatter et al, Zeit.Physiol.Chem.,186:85-96(1929)
213. Hamburg & Pickholz, Brau-Malzind,34:75-101(1934)
214. Chrzaszzcz et al, Biochem.Zeit.,160:155-71(1925)
215. Cereal Chem.,11:551-6(1934)
216. Zeit.Physiol.Chem.,204:89-100(1932)
217. Biochem.J.,30:342-4(1936)

218. Tychowski & Polak, Biochem.Zeit.,192:463-78(1928)
219. Reyniers, Personal communication
220. Wohlgemuth, Biochem.Zeit.,9:10-43(1908)
221. Hirata, Biochem.Zeit.,47:167-83(1913)
222. Mayer, Bull.Johns Hopkins Hospital,64:246-7(1929)
213. Gernhardt, Zeit.Klin.Med.,124:153-67(1933)
224. Emerson & Helmar, J.Lab.Clin.Med.,19:504-6(1934)
225. Meyer et al, Amer.J.Physiol.,119:600-2(1937
226. Saigusa, Naval Med.Assoc.Bull.Tokyo,Vol.1, Oct.(1919)
227. Harrison & Lawrence, Lancet,204:169-70(1923)
228. Kreyberg, Norsk. Mag. Laegevidenskap,5:992-1003 (1926)
229. Morabito, Pediatria Rivista,37:1335-42(1929)
230. Gerner, Hospitalstid,74:963-74(1931)
231. Gray & Somogyi, Proc.Soc.Exp.Biol.Med.,36:253-5(1937)
232. Dehlhougne, Deut.Arch.Klin.Med.,165 :213-22(1929)
233. Tomioka, J.Gastroenterology,3:1093(1928-29)
234. Elman, Arneson & Graham, Arch.Surg.,19:943-67(1929)
235. Wakefield & McCaughan, Arch.Int.Med.,45:473-78(1930)
236. Voit & Pragal, Munch.med.Woch.,82.1031-2(1935)
237. Polland & Bloomfield, J.Clin.Invest.,9:107-13(1930)
238. Dehlhougne, Klin.Woch.,5:2457-9(1926)
239. Bettolo, Rass.Terap.Patol.Olin.,4:No.6,(1933)
240. Ryu, J.Chosen Med.Association,24:305-13(1934)
241. Sugiyama, Sri-i-kai Med.J.,54:1531-8(1935)
242. Balo & Lovas, Virchow's Arch.Path.Anet.Klin.Med.,288:326 (1933)
243. Green, Biochem.J.,28:16(1934)
244. Lombardo & Anselmo, Ann. Clin.Med.Sperim.,19:373-80(1929)
245. Okada et al, Proc.Imp.Acad.Tokyo,4:134-5(1928)
246. Van Steenis, Nederland.Tij v Geneesk,78:1529-36(1934)
247. Sanguigno, Rinascenza Medica,13:16(1935)
248. Volodin, Arch.Verdauungskrankh,49:168-200(1931)
249. Barbera & Adinolfi, Policlinico,43:2741(1936)

250. Harrison & Lawrence, Brit.Med.J.,1:317-19(1923)
251. Cameron, J.Metabolic Res.,3:754-7(1923)
252. Paganelli, La chin.med.Ital.,49:141-50
253. BassLer, Amer,J.Dig.Dis. & Nut., Vol.1 (1934-5)
254. Schmerel, Biochem.Zeit.,208:415-27(1929)
255. Fearon, Dublin J.Med.Sci.,562:149-83(1918)
256. Wynhausen, Derl.Klin.Woch.,46:1406(1909); 47:2107(1910)
257. Brinck & Gulzow, Zeit.Klin.Med.,131:747-58(1937)
258. Lewis & Mason, J.Biol.Chem.,44:455(1920)
259. Reid & Narayana, Quart.J.Exp.Physiol.,20:305(1930)
260. Cohen, Amer. J.Physiol.,69:125(1924)
261. Reid, Quigley & Myers, J.Biol.Chem.,99:615-23(1933)
263. Markowitz & Hough, Amer.J.Physiol.,75:571(1925)
263. Ottenstein, Biochem.Zeit.,240:328-56(1931)
264. Gray & Somogyi, Proc.Soc.Exp.Biol.Med.,36:253-5(1937)
265. Pernice, Zeit.Kinderheilk,58:86-94(1936)
266. Rachmilewitz, Amer.J.Dig.Dis.,5:184-9(1938)
267. Kuznetzov & Michailova, Arch. Verdauungskrankh,40:41-55 (1927)
268. Berger et al, Klin.Woch.,14:490-6(1935)
269. Garry, Arch.Klin.Chirug.,174:378-96(1933)
270. Schemensky & Geling, Arch. Verdauungskrankh,52:427-34 (1932)
271. Probstein, Gray & Wheelers, Proc.Soc.Exp.Biol.Med.,37:613-15(1938)
272. Koehler, Calif & Western Med.,48:247-51(1938)
373. Ivy, Amer.J.Dig.Dis. ε Nut.,3:677-81(1936)
274. Markowitz & Hough, Amer.J.Physiol.,75:572 (1926)
275. Milla, Boll.Soc.Ital.Biol.Sper.,9 :835-7(1934)
276. Gayda, Arch.Sri.Biol.,90:165-70(1934)
277. Johnson & Wies, J.Exp.Med.,55:505-9(1932)
278. Zuckor et al, Amer.J.Physiol.,102:200-21(1932)
279. Fiessinger et al, Enzymologia,1:145-50(1936)

280. Fiessinger et al, Compt.Rend.Soc.Biol.,112:549-50(1933)
281. Tsudzimura, Arch.Ges.Physiol.,234:250-4(1934)
282. Diena, Internat.Beitr.Ernahr,5:405(1919)
283. Pearl, The Rate of Living,A.A.Knopf, New York,(1928)
284. Pearl, Amer.Natur.,63:37-67(1929)
285. Colp, Ann.Surg.,78:72544(1923)
286. Berg & Zucker, Proc.Soc.Exp.Biol.Med.,29:68-70(1931)
287. Laqua, Bruns. Beitr.Klin.Chir.,150:507-16 (1930)
288. McCaughan, Amer.J.Physiol.,97:459-66(1931)
289. Herrin, J.Biol.Chem.,108:547-62(1935)
290. Walters, Kilgore & Bollman, J.Amer,Med.Assor.,86:186-91 (1926)
291. Bottin, Rev.Belge.Sci.Med.,7:394-434(1935)
292. Hawking & Whipple, J.Exp.Med.,62:599-620(1935)
293. Thanhauser et al, J.Biol.Chem.,121:715-19(1937)
294. Heymann, J.Exp.Med.,64:471-83(1936)
295. Pepper, J.Econ.Entomol.,27:290(1934)
296. Loeb & Notrhrop, J.Biol.Chem.,32:103-21(1917)
297. Terao & Tanaka, J.Imp.Fisheries Inst.Tokyo,25:67(1930)
298. MacArthur & Baillie, J.Exp.Zool.,53:221-42(1929)
299. Barett, US Dept.Agriculture,Technical Bulletin 553
300. Pearl, Quart.Rev.Biol.,3:391-407(1928)
301. Gowen, J.Gen.Physiol.,14:463-72(1931)
302. Bodine, J.Exptl.Zool.,34:143-48(1921)
303. MacArthur & Baillie, J.Exp.Zool.,53:243-68(1929)
304. Albergo, Minerva Med.,23:678-82(1932)
305. McCay, Anat.Record,57:102(1933)
306. McLester, Canad.Med.Assoc.J.,33:6-10(1935)
307. The Rat. Memoirs of the Wistar Institute of Anatomy and Biology, Philadelphia,1924
308. Northrop, J.Biol.Chem.,32:123-6(1917)
309. McCay et al, J.Nutrition,1:233-46(1929)
310. Ingle et al, J.Exptl.Zool.,76:325-52(1937)

311. Burge & Burge, J.Exptl.Zool.,32:203-6(1921)
312. Bodine, J.Exptl.Zool.,34:143-8(1921)
313. Sekla, Brit.J.Exp.Biol.,6:161-6(1928)
314. Falk, Noyes & Sugiura, J.Gen.Physiol.,8:75(1925)
315. Mayer, Bull.Johns Hopkins Hospital,44:246-7(1929)
316. Finizio, Rev.Hyg. et Med.Infant.,8:224-9
317. Meyer et al, Amer.J.Physiol.,119:600-2(1937)
318. Loeschke, Jahrb.Kinderheilk.,146:133-75(1936)
319. Pernice, Zeit.Kinderheilk,58:86-94(1936)
320. McClure & Chancellors, Zeit.Kinderheilk,11:483-96
321. Dhar, J.Physiol.Chem.,30:373-82(1926)
322. Dhar, Quart.Rev.Biol.,7:68-76(1932)
323. Gafafer, Pub.Health Rep. US Treas.Dept.,51:831-41(1936)
324. Simms & Stolman, Science,86:269-70(1937)
325. Bernstein, Cold Spring Harbor Symposia,2:209-17(1934)
326. Orr et al, J.Hygiene,35:476-97(1935)
327. Jespersen et al, Res.Lab.Vet.Agric.Coll. Copenhagen,166th Rep. pp.106(1936)
328. Thompson & Hargrave, J.Minist.Agric.Engl.,42:1123-7(1936)
329. Kohlman, Eddy White & Sanborn, J.Nutrition,14:9-19(1937)
330. McCollum, Amer.J.Pub.Health,24:956-8(1934)
331. Milk Plant Monthly, June(1938)
332. Grulee,sanford & Herron, J.Amer.Med.Assoc.,103:735-9(1934)
333. Glazier, New England J.Med.,203:626
334. Ederton, Ann.Eugenics,5:326-36(1933)
335. Sprawsen, Agric.Progress,10:139-48(1933)
336. Catel, Deut.Med.Woch.,61:985-8(1935)
337. Catel, Wien.Mid.Woch.,86:1299-1300(1936)
338. Lasby & Palmers J.Dairy Sci.,18:181-92(1935)
339. Channon & Channon, J.Hygiene
340. Potter, Milk Diet as a Remedy for Chronic Disease
341. Mattick & Golding, Lancet,231:702-6(1936)

342. Elvehjem, Hart, Jackson & Weckel, J.Dairy Sci.,17:763-70 (1934)
343. Okada & Sano, Japanese J.Exp.Med.,12:169-98(1934)
344. Arthus, Arch.Internat.Physiol.,43 : 131-53(1936)
345. Richet & Richard, Bull.Inst. Oceanographique,478:3(1926)
346. Morgan & Kern, J.Nutrition,7:367-79(1934)
347. Thomas, J.Amer.Med.Assoc.,88:1559(1927)
348. Heinbecker, J.Biol.Chem.,80:461-75(1928)
349. Shaffer, J.Biol.Chem.,47:449(1921)
350. Nephriakhin & Berezin, Repts.Astrakhan Volgo-Caspian-Sea Sci.Sta 7:88-99(1931)
351. Garber, Hygeia,16:242(1938)
352. Price, Dental Cosmos,77:841-6(1935)
353. Urquhart, Canad.Med.assoc.J.,33:193-6(1935)
354. Rabinowitch, Canad.Med.Assoc.J.,34 :487-501(1936)
355. Rabinowitch & Smith, J.Nutrition,12:337-56(1936)
356. King, Kugelmass & Boedecker, J.Amer.Dental Assoc.,21: 110-25(1934)
357. Loewy & Behrens, Klin.Woch.,9:390-2(1930)
358. Glassner Wiener, Klin.Woch.,49:144-7(1936)
359. Eimer, Klin.Woch.,11:203-6(1932)
360. Jahrbuch, Fur Kinder,134:368-9(1932)
361. Just, Deut.Deut.Med.Woch.,62:1086-9(1936)
362. Bircher-Benner, Zeit.Ernahrung,2:130-8;169-76(1932)
363. Bircher-Benner, The Prevention of Diseaes by Correct Feeding., Food Education Soc., London(1933)
364. Hackh, Pacific Dent.Gaz.,38:817(1930)
365. Copiscarrow, Chemistry & Industry,53:534-5(1934)
366. Copiscarow, Chemistry & Industry,56:566-7(1937)
367. Protti, Boll.Soc.Ital.Biol.Sper.,8:1412-1 7(1933)
368. Vet.J.,90:368-74(1934)
369. Leven & Butin, Questions of Nutrition U.S.S.R.,3:100-4(1934)
370. Sherman, Scientific Monthly,43:97-107(1936)

371. Dove, American Naturalist,69:469-544(1935)
372. Eimer & Kaufmann, Deut.Arch.Klin.Med.,173:314(1932)
373. Stohr, Zeit.Ges.Exptl.Med.,95:55-66(1934)
374. Eimer & Voigt, Zeit.Klin.Med.,112:477-527(1930)
375. Rosenthal & Ziegler, Arch.Int.Med.,44:344-50(1929)
376. Bufano, Arch.Farmacol.Sper.,44:22-32(1927)
377. Holland et al, Zeit.Gel.Exp.Med.,93:62-8(1934)
378. Cohen, Amer.J.Physiol.,69:125-31(1924)
379. Rosefeld, Klin.Woch.,10:637-9(1931)
380. Rosefeld, Kling.Woch.,12:711(1933)
381. Geness & Epstein, Arch.Exp.Path.Pharmak.,171:733-43(1933)
382. Jones, Medical Record,49:720-4(1896)
383. Reid & Narayana, Quart.J.Exp.Physiol.,20:305-11(1930)
384. Deichmann-Grubler & Myers, Biochem.Zeit.,288:149-54(1936)
385. Wilson & Strieck, Biochem.Zeit.,251:199-203(1932)
386. Ottenstein, Klin.Woch.,10:1114-6(1931)
387. Halprin, New Jersey Med.J.,31:28-9(1934)
388. Vannocci, Sperimentale,82:335-41(1928)
389. Bassler, Med.Times & Long Island Med.J.,33:115-20(1933)
390. Milliken, Texas State J.Med.,29:307-10(1933)
391. Wolffe, Med.J. & Rec.,138:243-44(1933)
392. Walker, Canad.Med.assoc.J.,29:396(1933)
393. Brown, Amer.J.Med.Sci.,161:501(1921)
394. Fiessinger & Gajdos, Arvosi Hetilap,80:314-16(1936)
395. Schweitzer, Urol.Cutan.Rev.,335(1936)
396. Bodechtel & Kinhin, Munch.med. Woch.,82:413-16(1935)
397. Mostel, Wien.Med.Woch.,86:474-5(1936)
398. Palombi, Terapia,24:353-8(1934)
399. Dell'Acqua, Zeit.Ges.Exp.Med.,71:245-50(1930)
400. Nephriakhin & Berezin, Repts.Astrakhan Volgo Caspian Sea Sci. Station,7:88-99 (1931)
401. Belkina & Kremlev, Z. exptl.biol.Med.,8:329-41(1928)
402. Messerli, Schweiz.Zeit.Hyg.,12:789-91(1932)

403. Minz & Schilf, Zeit.Ernahrung,2:311-14(1932)
404. Maignon, Compt.Rend.Soc.Biol.,86:1172-5(1922)
405. Maignon, Bull.Acad.Vet.France,5:283-8(1932)
406. Maignon, Presse Med.,42:313-5(1934)
407. Maignon, 8 ieme.Reunion de l'Assoc.des Physiologisters, Nancy, May(1934)
408. Maignon, Cong.internat.de l'Union therap.,1:390-8(1937)
409. Turkelataub et al, Problems of Nutrition, Moscow,5:121-34 (1936)
410. Hervey, Science,62-247(1925)
411. McCandish & Struthers, Scottish J.Agriculture,31:141-6 (1938)
412. Pett, Biochem.J.,29:1898-1904(1935)
413. Ivy, Scmidt & Beazell,J. Nutrition,12:59-83(1936)
414. Beazell, Schmidt & Ivy, J. Nutrition,13:29-37(1937)
415. Schmidt, Beazell, Crittenden & Ivy, J. Nutrition,14:513-30 (1937)
416. Selle, J. Nutrition,13:15-28 (1937)

부록 I 저자와의 인터뷰

(1980년도 판에 처음 발간됨)
빅토라스 쿨빈스카(생식 영양학자, 저자, 강사)가 질문하고 정리했음.

책이 처음 출간되었을 때인 40년 전에 당신 말을 수용하는 사람이 있었는가? 그 당시의 의학전문가들의 태도는 어떠했는가?

그 책을 접했지만 자세하게 공부하지 않은 대부분의 사람들이 그것을 그 책을 출판한 국립 효소 상사를 위한 일종의 목록표라고 믿었다고 생각한다. 많은 일반 의사들은 그 주제에 대해서 관심이 없었거나 그에 대해서 비평할 입장에 있다고 느끼지 않았다. 그러나 스스로를 전문가라고 자부하는 사람들은, 지금도 그러하듯이, 가끔 분비된 소화액이 충분한 효소를 가지고 있어서 외부로부터 공급되는 효소의 도움이 없이도 모든 음식을 소화할 수 있다고 무책임하게 주장했다. 물론 이것은 오직 너무나 사실이지만, 대조적으로 그것은 또한 암의 정복을 방해하고 고질적인 질병을 성행하도록 허용하는 바로 그러한 가르침이다. 이러한 종류의 충고는 신진대사를 수행하는데 있어서 효소들이 갖고 있는 수많은 역할들 모두를 잊고서 효소는 음식물을 소화시키는 것 이상의 중요한 일을 하지 않는다고 가정한다. 그것은 최근에 많은 대학의 연구실에서 정립되어 확증된 **적응적 효소 분비의 법칙**을 완전히 무시하고 있다. *효소 영양학*이라는 책에서 효소 분비에 대한 주제는 완전하게 다루어졌다. 경솔한 비과학적인 언어와 신뢰할 수 없는 과거 속에서 그래도 스스로는 과학에 대해서 언급한다고 자처하는 일부 대변인에게서 기인하는 실수가 만성질환을 안장 안에 무한히 유지시키고 암으로 하여금 영속적이고 결코 끝나지 않는 사업을 위한 자금을 추구하도록 강제하는 그러한 일들을 하고 있다는 것을 입증하는 압도적인 과학적인 증거들을 나는 제시했다. *효소 영양학*이라는 책을 공부하는 사람들은 우리의 내부에 있는 효소들이 우리가 필요로 하는 전부라고 이야기하면서 외부의 효소들을 얕보는 것은 죽음에 이르게 하는 질병으로 하여금 수백만의 생명들을 앗아가도록 하고, 고질적인 질병들로 하여금 치명적이고 고통스러운 손아귀를 가지고 훨씬 더 많은 수백만의 생명들을 붙들고 있도록 고무하는 것으로 비난받아야만 한다는 결론에 이르러야 한다.

질문에 대해서 계속 답한다면, 그 책에 대해서 사람들로부터 많은 것을 듣지 못해서 반응이 어떠했는지에 대해서 말할 수 있는 좋은 위치에 있지를 한다. 오직 2,000권만이 출판되었다. 약 50권은 국내의 대학 도서관들에 보내졌다. 그 책은 과학 정기간행물의 성경인 “Chemical Abstracts“와 ″Biological Abstracts″에 색인되었다. 한 편지에서 네브라스카 의과대학의 생화학 교수인 세르지우스 모굴리스 박사는 그 책에 언급된 과학 문헌들의 일부 참조를 원했다. 수년전에 그는 코펜하겐에서 어떤 과학 관련 대회에 참가했는데 F-자임이 토론의 주제였었다고 말해 주었다. 그는 저자의 이름과 그 보고서의 제목을 기억할 수가 없었다.

몇 년이 지난 후, 음식에 있는 효소들은 체내에서 그것을 소화시키는 어떤 효과를 갖고 있을지도 모른다는 억측의 말을 나는 우연히 듣게 되었다. 이 말은 고무적인 이야기로 들렸지만 불행하게도 그들은 관련된 생리학적인 문제들을 해결하는데 도움을 주지 않았다. 하루 전의 나의 연구에서 일차 세계대전동안 번성했던 인플루엔자에 관한 보고서들을 위해 인덱스 메디커스 Index Medicus 안에 있는 정기간행물들을 검토하고 있었다. 영국 의학지에 수록된 두 편의 보고서에서 어떤 의사는 인플루엔자를 위한 식이요법에서 F-자임이 결핍되어 있는 것을 비난했다. 나는 F-자임이라는 용어를 만들어냈지만, 이 의사는 15년 전에 그것을 완벽하게 사용하고 있었다. 그 당시에는 인덱스 메디커스Index Medicus가 적절한 주제별 색인을 가지고 있지 않아서, 나는 이 보고서를 전적으로 우연히 발견해야만 했다. 나는 최근에 효소의 보충에 대해서 강한 관심을 표명한 알소프 코르윈 박사와 서신을 주고 받았다. 나는 그가 이제는 은퇴했지만 아마 동부의 코넬대학의 화학교수였다는 것을 알고 있다. 토니 콜리어와 코너가 이를 확인할 수 있다. 수년간 나는 많은 의사들과 서신을 교환하고 있다. 국립 효소 상사는 이들에 대한 기록을 갖고 있다. 나는 당신이 의학 박사들로부터 F-자임에 대해서 많은 의견을 얻을 수 있을 것이라고 생각하지 않는데, 그들은 이해하지 못하는 주제에 관해서는 어떤 것도 말하기 싫어하기 때문이다.

그 책에 관해서 편지를 교환한 것 모두는 국립 효소 상사에 의해 수신되었는데, 이는 그들이 발행인이기 때문이다. 꼭 언급해야만 할 놀라운 사람이 한 사람 있다. 색인과 요약문이 게재된 논문들 중의 하나에서 1968년 9월에 콘스탄스에서 개최된 독일 영양학회, 오스트리아 영양연구학회, 그리고 스위스 영양연구학회의 2차 연합학회의 한 심포지움에서 F-자임이 토의되었다는 사실을 알게 되었다. 발표들 중의 하나는 사르의 홈버그 대학의 생리화학 연구소의 소장인 암몬 교수에 의해 제출되었는데, 제목은 "영양학에 있어서 F-자임은 중요성을 갖고 있는가?"였다. 그 보고서는 *Journal of Nutritional Sciences (Zeitschrift für Ernahrungswissenschaft 8:1-142, 1969)*의 증보판에 게재되었다. 나는 그 보고서의 사본을 갖고 있다.

그 안에서 그 교수는 F-자임이 소화와 대사에 있어서 역할을 가지고 있다는 것에 대하여 완전히 동의하고 있다. 이것은 종종 정보가 부재하면서도 사람들에 대해서 영향력을 갖고 있는 사람들에 의해 부주의하게 지껄여지는 견해들과 극명한 대조를 이룬다. 40년 전에 나는 후에 재출판이 되어서 국립효소 상사에 의하여 널리 분배된 "효소학"이라고 불리우는 작은 학술논문을 써서 저작권을 갖고 있다. 그 기록을 보면 그 유익한 책이 얼마나 많이 뿌려졌는지를 알 수 있다. 추측컨대 50,000 부였던 것 같다. 사본이 없다면 그것을 구해야 하겠다. "효소학"과 그 교수의 보고서를 비교해 보면 그 유사성에 놀라게 될 것이다.

"효소학"이 "효소 영양학"으로 바뀌게 되었다는 것은 의문의 여지가 없다. 아몬 박사가 그 보고서를 작성하기 위해서 그 사본을 얻고 거기에다 자신이 얻은 자료들을 보완했다는 것은 분명하다. "효소학"에는 저자로서 내 이름이 적혀있지 않아서, 그 정보의 원천으로서 신뢰를 줄 수 있는 사람이 없는데, 과학 논문에서는 통상적인 일이다. F-자임이 과학적인 검증을 받았다는 것은 아몬 박사가 식물성 효소를 경구 투여했을 때 더 우수하다는 것을 발견했다고 보고했을 때 알려졌다. 그들이 위와 장에서의 손상을 입지 않았다는 것은 그가 그들 중의 일부를 변에서 발견했을 때 입증되었다. 그 심포지움에서의 다른 보고들은 과학자들이 위장에서 식물성 효소들을 검사하여 더 많은 양이 손상되지 않은 채로 통과한다는 것을 발견하였음을 보여주고 있었다.

2개월 전에 캘리포니아의 로마 린다 대학교의 연구원으로부터 전화를 받았다. 그는 사람의 이상적인 식사를 개발하는 연구를 하고 있었고, 고릴라의 위장관이 사람과 유사하였기 때문에 그를 모델로 선택했다. 그는 해부학적, 생리학적, 영양학적인 자료에 대해서 수 차례 전화를 했고 최종적으로 나는 그의 연구 프로젝트에 기초가 될 수 있는 충분한 정보를 제공했다.

몇 주 전에 텍사스의 한 대학에 있는 사람이 전화를 해서 자기는 이미 학사학위를 가지고 있지만, 영양학에 대해서 석사학위 논문을 써야 한다고 말했다. 그는 장의 자가독화과정을 주제로 선택했고 가능한 한 많은 과학논문들을 참고문헌으로 필요로 했다. 나는 "효소 영양학"의 여러 측면에 대한 과학논문들을 철저히 검색했지만, 장의 자가독화과정에 관한 것은 없었다. 이러한 분야에 대해서 도서관을 뒤진다는 것은 건초 더미에서 바늘 찾기와 같았다. 그가 다시 전화를 했을 때 나는 파일에 있는 약간의 참고문헌들을 주었고 그는 나에게 무척 감사해 했다. 당신의 서문에서 언급했듯이, 세상은 서서히 빙빙 돌고있다. 그들은 내 전화번호를 찾는 데 더 많은 어려움을 겪을 것이다. 그들이 어떻게 내 번호를 얻었는지 모르겠다.

당신이 현재 관여하고 있는 연구와 새로운 프로젝트의 방향은 무엇인가?

과학자들을 위하여 이 프로젝트에 대해서 상세하게 토의하고 싶다. 그들 중 일부는 찰스 코너를 설립자로 해서 "미국 F-자임 개념 연구재단"의 설립을 위한 서문에서 토의된 바 있다. 그가 자세한 내용을 제공할 것이다.

생식이 치료적으로도 유용할 뿐만 아니라 탁월한 유지식도 될 수 있다고 생각하는가, 아니면 대부분의 사람들에게 화식이 바람직하다고 생각하는가?

꿀벌이나 개미와 같은 동물들은 매우 활동적이며 건설적이지만, 보다 큰 동물들은 생존할 수 있을 정도로만 일을 한다. 사람들만이 부자연스럽게 오랜 동안 인내심이 필요한 속도로 일을 한다. 이러한 추가적 일은 더 많은 음식을 요구한다. 펄 교수와 같은 권위자들은 특히 노년에 인내하면서 육체적인 일을 열심히 하면 수명을 단축한다고 가르친다. 생식으로 필요한 탄수화물을 공급하는 것은 어렵지 않다. 하지만 바쁜 사람들이 입맛에 맞고 쓸모있는 형태의 생지방과 단백질을 얻기는 어렵다. 한 사람이 하루 종일 열심히 일을 하면, 휴식이 필요해서 음식을 준비하기 위해서 많은 시간을 쓸 열정이 생기지 않는다. 단백질과 지방의 필요는 고기와 계란같은 효소가 파괴된 조리된 음식을 통해서 얻게 된다. 사람이 고기를 먹음으로써 얻게 되는 잘 알려진 결함은 창자에서의 부패이다. 후두부로부터 꼬리뼈까지의 길이와 비교한 위장관의 상대적인 길이는 육식동물의 경우 3배, 영장류와 사람은 11배, 소와 같은 채식동물은 30배이다. 빨리 부패하는 고기와 같은 음식들은 짧은 창자 길이로 인하여 빨리 배출되는 육식동물에 있어서는 해가 되지 않으나, 보다 긴 창자를 갖는 사람에게 있어서는 건강에 문제를 일으킬 수 있을 만큼 오래 머물게 된다.

더 좋은 질의 단백질과 지방은 생 견과류와 다른 씨앗들로부터 공급될 수 있다. 하지만 이들은 보통 발아에 의해 중화되는 효소 저해제를 가지고 있다. 대부분의 사람들은 그러한 저해제에 의한 불편함이 없이 발아되지 않은 소량의 생 견과류를 섭취할 수 있다. 하지만 견과류를 다른 단백질과 지방을 대체할 정도의 많은 분량 섭취하려면 효소 저해제들은 중화되어야 한다. 성장기의 쥐와 닭에 대한 실험들은 효소 저해제를 많이 복용하면 소화가 불량해지고, 성장이 잘 되지 않으며, 배설물에 효소가 사라지고, 건강이 불량해지며, 췌장의 확대가 수반된다는 것을 보여 주었다. 우리는 사람들이 음식을 준비하기 위해서 하루종일 일하리라는 것을 기대할 수 없다. 따라서 불가피하게 견과류와 다른 씨앗들을 시장에서 입맛에 맞고 발아된 형태로 팔게되는 때가 와야 한다. 나는 10억 달러의 돈이 이를 달성하기 위해서 장기간의 지루한 연구를 수행할 사람을 기다리고 있고, 내가 첫 번째 고객이 될 것이라고 오래 전부터 말해 왔다. 동물성 단백질이 고갈되면, 새로운 세대들은 어쩔 수 없이 견과류의 단백질과 지방에 의존해야만 한다. 나무들 아래에 있는 땅은 다른 목적들을 위해서 남겨질 것이다.

한 사람이 생식을 수행하는데 있어서 어떤 어려움들이 있는가? 전환기간 없이 급작스럽게 바꾸는 것은 저장고로부터 방출한 독소들의 양 때문에 효소가 위험하지는 않은가?

잠정적으로 일을 쉬고 있는 사람들이 치료의 목적으로 제한된 기간동안 생식만을 하는 것은 유쾌하지 않고 때로는 격렬한 호전반응을 야기할 수 있다. 모든 사람에게 나타나는 것은 아니다. 앨러지 전문의사는 이러한 반응들이 어떤 음식에 대한 앨러지에 의해서 나타난다고 말하기를 좋아한다. 하지만 그는 어떤 만성질환으로부터 영속적인 개선이 따라온 사례들을 설명하지는 않는다. 요양소의 관리자는 이러한 호전반응을 건강에 유익한 것으로 간주하고, 그러한 반응이 오지 않으면 환자들은 실망한다. 장기간의 구토와 지속적인 설사, 장기간의 가래 배출, 종기와 피부발진의 발생을 초래하는 것을 말한다. 이러한 현상들은 생식을 하거나 적정 기간 금식을 한 경우에 종종 나타난다.

그 당시 요양소의 관리자는 F-자임에 대해서 아무 것도 몰랐지만 후에 내가 내린 결론은 D-자임의 작용이 줄어듦에 따라 M-자임의 활성이 증가된 것이 그러한 반응들을 초래한다는 것이다. 이는 D-자임의 활성을 억제하는 F-자임이나 금식에 의하여 M-자임으로 하여금 자유롭게 유익한 치료

작용을 할 수 있도록 해서 린드라 박사가 병물질 morbid matter이라고 부르곤 했던 외부의 나쁜 물질들의 저장고를 분해하도록 한 것에 의한 반응이다.

그렇다. 이러한 배출과정이 매우 극심할 때는 위험할 수가 있어서 집에서 수행할 수 있는 일은 못된다. 그것은 참여자의 생애에 있어서 중요한 사건으로 간주하여 기관의 보살핌과 관찰을 받을 만한 가치가 있다. 그 반응이 손을 쓸 수 없을 정도로 격심해지면 식이요법이나 금식을 중단할 필요가 있고, 잠시의 휴식 후에 더 이상의 호전반응이 나타나지 않을 때까지 과정을 반복할 필요가 있을 수도 있다. 중단이 요구되는 때를 판단함에 있어서 체중과 맥박수, 혈압 및 체온을 재는 것이 도움이 된다. 이러한 유익한 호전반응이 성격상 앨러지가 아니라 집을 청소하는 것과 같은 것이라는 사실은 유사한 반응들이 대량의 효소를 사용한 치료 후와 보통의 효소 보충 후에도 가끔 나타난다는 것을 고려할 때 설명이 가능하다. 나는 오류에 의해 앨러지로 표현된 많은 사례들이 사실상 호전반응이어서 억제하거나 제한해서는 안되고 그 자체가 사그러질 때까지 계속되도록 고무되어야 했던 경우들이었을 것이라고 확신한다.

생식과 화식을 어느 정도의 비율로 섭취해야 효소 캡슐의 섭취없이도 신체의 효소 활성이 기능하도록 할 수 있는가?

나는 전에 75%의 칼로리를 생식으로 보충하고 25%를 화식으로 보충하면 실질적으로 효소가 결핍된 식사에 비해서 크게 개선될 것이라고 말한 적이 있다.

나는 약산의 과일뿐만 아니라 강산의 과일을 먹으면 극심한 산독증을 유발할 것이라고 경고를 받았다. 이러한 과일들이 실제로 혈류에서의 마지막 효과에 있어서도 산성이 되는 것인가? 아니면 산독증을 유발하는 내부의 결정화된 저장고로부터 많은 양의 산들을 배출하는 것이 효소인가? 특히 나는 극심한 콩팥의 통증, 수분 보유, 산 구토와 산 오줌, 그리고 좌골신경통을 경고 받았다. 야채들은 이러한 효과를 나타내지 않는 것 같은데, 왜 그럴까?

당신은 모든 사람들이 신 과일을 먹고서 당신이 언급한 증상들을 경험하는 것은 아니라는 것을 기억해야만 한다. 이러한 점에서 내가 1925년 발간된 "Lindlahr Magazine of Health"에 게재했던 논문을 인용하는 것이 바람직할지 모르겠다. "브래더위크는 결론적으로 과일에 포함된 유기산들은 위를 떠나기 전에 완전히 산화되고, 무거운 미네랄 내용물은 유기체에 의해 처리된다는 것을 보여주었다. 이 연구자에 의해 산성 과일을 많이 섭취하는 것은 오줌에 더 적은 산을 갖도록 하고, 많이 먹는다면 오줌은 알칼리 반응을 나타낸다는 것이 밝혀졌다. 수유기에 있는 초식성의 동물들, 그리고 수유기의 아기는 육식성 동물의 것과 동일한 오줌 생성과정을 보여준다. 초식성 동물과 사람이 굶주리거나 금식 기간동안 자신의 조직에 의존해서 살 때는 육식성의 특징을 보여주고 그들의 오줌도 완전히 고기를 먹는 것들과 같아진다." 비교생리학에서는 초식동물의 오줌은 알칼리 반응을 보여준다고 가르치고 있다.

인용된 보고서는 브래더위크와 롱에 의해서 쓰여진 것이고 "오줌의 산도에 관한 연구"라는 제목으로 1923년 10월의 The Journal of Biological Chemistry에 발표된 것이다. 내가 수집한 바에 따르면 일군의 의과대학생들이 오렌지 쥬스를 마셨는데 얼마나 많이 마셨는지는 기억할 수가 없다. 그들은 그 테스트들이 수행되었던 그 환자들이었다. 당신의 도시에 의과대학이 있다면 도서관에 언급된 학술잡지가 있을 것이며 세부사항을 마무리할 수 있을 것이다. 당신의 증상들을 평가하기 위하여 언급한 것보다 훨씬 더 많은 자료들이 필요할 것이다. 대부분의 사람들은 적당량의 감귤류의 과일에 대해서는 아무런 증상이 없이 저항성을 나타낸다. 그러한 과일들을 자신의 식사로 많이 먹었을 때는 살아있는 어떤 종의 동물들도 그러한 먹이를 먹었다는 증거가 없기 때문에 수용될 수 없을 것이다. 어떤 종족이나 민족들, 그리고 어떤 종의 동물들도 장기간 그러한 과일들을 먹었다는 흔적이 없다. 그러므로 많은 양의 산성 과일을 매일 정규 식사로 먹는 것이 좋은지 나쁜지를 말할 수 있는 근거가 없다. 나는 장기간 매일 두 잔씩의 감귤류 과일 쥬스를 먹었고, 다른 사람이 3잔을 매일 마셔도 외관상 아무런 문제가 없는 것을 보아왔다. 하지만 어떤 사람에게 있어서는 소량만 먹어도 증상이 나타나고 이러한 경우들에서는 그 증상이 호전반응인지 아닌지를 판단하기 위해서 진단을 받아야 한다. 감귤류의 과일은 F-자임과 골격화되고 정제된 설탕에 의해서 공급되는 "나쁜" 칼로리와는 다른 "좋은" 칼로리를 공급하는 고품질의 당류를 제공하기 때문에 지속적인 식이요법으로서 유용하다. 공식적인 화학에서는 생식의 칼로리든 화식의 칼로리든 당신의 건강에 대해서 어떤 차별성도 없는 칼로리일 뿐이다. 하지만 나는 "파괴된" 칼로리를 섭취하는 사람들에 대해서 그러한 난잡하고, 부주의하고, 무책임한 태도를 취할 수는 없다.

금식을 하는 동안 D-자임의 생산은 줄어든다. 백혈구 증가증과 관련된 것뿐만 아니라 이러한 잉여분은 금식하는 동안 신체에 의해 어떻게 사용되는가?

금식은 D-자임으로 하여금 휴가를 갖도록 하고 효소 포텐샬로 하여금 그의 모든 주의를 모든 활동을 가동하는 필요한 수많은 M-자임을 생산하는데 돌리도록 한다. 당신이 2주간의 휴가를 갖을 때 집을 새로 칠할 수 있고, 차에 왁스를 바르고, 지붕을 고치거나 다른 때는 무시되어야만 했던 잔일들에 주의를 기울일 수 있는 기회를 갖게 된다. 인체의 효소 포텐샬은 D-자임의 분비를 유지해야만 한다는 큰 압박 아래에 있다. 한숨을 돌릴 수 있는 기회를 갖는 유일한 시간이 금식을 하며, 전적으로 생식을 하는 기간이거나, 효소가 결핍된 음식을 소화시키기 위해서 보충된 효소를 사용할 때이다.

발효시킬 동안(종자나 견과류 우유로 바꾸거나 공기 중의 박테리아나 특수화된 박테리아를 접종하였을 때) 뿐만 아니라 물에 불리거나 발아하거나 성장할 동안 종자의 신진대사를 효소의 견지에서 설명해 줄 수 있는가?

이것은 "효소 영양학"이라는 책에 정리되어 있다. 발아는 효소의 활성을 6배 정도 증가시킨다. 이것은 모든 종자에서 발견되는 효소 저해제를 불활성화함으로써 단백질 분해에 의한 효소의 방출 때문에 그렇다. 종자를 물에 불리는 것은 안에 있는 프로테아제로 하여금 저해제를 중화시키도록 하여 효소들을 풀려나도록 한다. 1930년에서 1940년 사이에 화학자들은 종자에 있어서 자유롭거나 예속된 효소들에 대해서 말한바 있다. 종자들과 함께 물에 불린 이러한 프로테아제와 파파인은 잠자고 있는 효소들을 예속으로부터 자유롭게 만든다. 1944년 효소 저해제가 종자에서 발견되었을 때 미스테리가 풀렸다.

엽록소와 헤모글로빈의 행태를 효소적인 것으로 고려하고 있는가?

효소의 작용에 의해서 추진되지 않는 동물이나 식물에서 일어나는 기능은 하나도 없다. 다양한 역할을 하는 수천 가지의 효소들이 있다. 어떤 사람은 100,000가지가 될 것으로 추정하였다. 신진대사는 처음부터 끝까지 모두가 효소에 의한 과정이다. 신진대사는 할아버지, 할머니 효소와 그들의 아이들, 손자들, 증손자들, 그리고 끊임없이 일하고 있는 그들 모두이다. 엽록소를 포함하여 식물체의 신진대사에 포함되어 있는 효소에 관한 가장 광범위하고 영속적인 실험은 화와이 사탕수수 농장 협의회의 실험실에서 사탕수수에 관하여 수행되었다.

(밀을 물에 2-5일 동안 불리는) 레쥬비락 음료의 효소 공급원으로서의 가치는 무엇인가?

레쥬비락에 대해서는 아무것도 모른다. 약 40년 전에 내 집에 작은 실험실을 가지고 있었는데 휴면기와 발아기의 밀 종자의 아밀라아제 함량에 대해서 많은 점도효소검사 viscosity enzyme test를 수행했다. 하지만 종자를 불렸던 물을 검사해 본적이 없었다. 하지만 내가 믿기로는 전부는 아니더라도 종자를 부수거나 갈아서 현탁액의 상태로 물에 용해시키지 않는 한 대부분의 효소 활성은 종자 안에 남아 있을 것이다.

오늘날 25년에 달하는 기간동안 전적으로 생식으로 살아가는 많은 사람들이 있음을 생각하면, 당신의 선구자적인 연구가 대중들에게 수용되는 것에 의하여 기분이 좋은가?

그 사람들이 이 생각을 이해하지 못하는 수백만의 사람들에게 말을 전해준다면 기분이 더 좋을 것이다.

정제화된 식물성 효소와 날 음식 속에 있는 효소의 가치를 비교할 때, 이를테면 많은 순과 농작물, 녹색 야채들의 샐러드, 이전의 채식주의자들의 음식이 신체가 췌장을 거쳐서 공급가능한 과량의 추가적 효소를 만들지 않고서도(잡식을 한 후에도 백혈구 증가증이 없다) 음식을 소화시키기에 충분한가?

보충제와 소화 분비액 속의 효소는 생식에 있는 것보다 훨씬 강력하다. 하지만 생식은 위장에서 보다 약한 염산의 분비를 자극해서 생식 속의 효소가 화식을 먹었을 때보다 오랜 기간동안 위장 속에서 작용할 수 있다. 수년 전에 음식의 효소를 검사했을 때, 싹 안에 있는 효소는 검사하지 않았다. 나는 싹은 발아에 의해 발생한 효소 활성의 증가 중 일부분의 수혜자라는 선입관을 가지고 있었다. 상업용의 보리 발아기는 나의 생각을 바꾸었다. 큰 식물들에서는 많은 보리 종자들이 그들이 발아할 때까지 여러 날 동안 수분을 유지한다. 싹이 1인치 정도의 길이에 도달하면 종자에 있는 효소는 굉장히 증폭되고 그 종자는 사용할 수 있다. 싹은 효소 활성이 거의 없기 때문에 잘라 버려진다. 콩의 싹을 실제적으로 검사하지 않고, 나는 그들이 갖고 있는 효소가 얼마나 되는지를 말할 수는 없다. 하지만 보리 싹에서의 자료들을 보면 잎사귀 있는 야채와 녹색 야채들과 함께 콩 싹은 미네랄과 비타민의 좋은 공급원이지만 효소의 공급원으로서는 그렇지 않은 것으로 평가해야만 한다.

일부 생식, 특히 종자들은 효소 저해제를 함유하고 있다. 그들은 발효와 발아에 의해서 어떤 영향을 받을까?

내 파일에 있는 자료들을 보면 모든 종자들은 효소 저해제를 가지고 있는 반면, 잎사귀들과 줄기, 뿌리들, 신선한 부분의 과일들은 저해제를 가지고 있지 않다고 말하는 것이 적절하다. 효소 저해제는 발아에 의해서 불활성화된다. 발효는 효소에 의한 과정이기 때문에 그것 역시 효소 저해제를 불활성화시킨다고 믿을 이유가 있다.

주로 조리된 곡류와 다른 조리된 농산물에 의존하는 마크로바이오틱 다이어트의 위험성은 무엇인가?

나는 마크로바이오틱 다이어트라는 용어에 익숙하지를 않다. 그러나, 조리된 음식을 먹는 것은 신체의 효소가 작용하도록 강제하는 것이고, 따라서 엄밀히 말해서 건강에 유익이 되는 다이어트라고 인식될 수 없다. 효소의 적응적 분비의 법칙은 효소가 없는 화식을 소화시킴에 있어서 소화액의 분비에 효소를 비생리적으로 높게 유지해야만 하도록 만든다. 유기체의 효소 포텐샬은 제한되어 있기 때문에 말하자면 소화관에 너무 많은 효소들이 보내어져야 하기 때문에 시간이 경과함에 따라 신체의 M-자임은 부족하게 된다. 결과적으로 신체의 신진대사는 침해를 받게 된다. 가장 약한 기관이 국부적인 기능이상으로 먼저 망가지고 곧 바로 질병으로 발전하게 된다. 많은 증거들이 이러한 철학을 지지하고 있지만, 놀랍게도 생리학에 관한 책의 저자들에 의해서는 채택되지 않아 왔다.

뿌리와 줄기를 낮은 온도에서 서서히 굽는 것은 효소 함량을 유지시켜 주는가?

부엌에서 어떻게 음식을 열로 처리하든지 간에 그의 효소는 100% 파괴된다. 천처히 굽든지 빨리 굽든지, 천천히 혹은 빨리 삶든지, 찌든지, 튀기든지 간에 음식 속의 효소는 100% 파괴된다. 화씨 212도에서는 빨리 끓는다. 화씨 190도 내지는 200도에서는 천천히 끓는다. 튀김은 훨씬 더 높은 온도에서 행해지고, 효소를 파괴하는 것에 더해서 단백질에 손상을 입히거나, 또는 알려지지는 않았으나 병을 일으킬 가능성이 있고, M-자임에 더 큰 부담을 지울 수 있는 새로운 화학물질을 형성한다. 비록 300도에서 구워진다고 하더라도, 그것은 건조한 열이기 때문에 비등점에서 보다도 파괴적 효과는 덜하다. 효소는 이 온도에서도 완전히 파괴된다.

내가 활발하게 활동할 때 나는 국부적인 효소의 활성을 자극하기 위하여 신체의 특별 부위에 고온의 열처리를 적용하는 특별한 전기열치료 침수기구를 개발했는데, 효소의 활성은 온도가 10도 정도 상승할 때마다 2-3배 증가한다. 나는 이 기구를 원형질의 열사점을 측정하는 실험을 할 수 있도록 보완했고, 화씨 118도의 물에 담그는 것은 효소를 반시간 안에 파괴시킨다는 것을 발견했다. 118도의 온도는 피부에 물집을 일으키고, 여러 종자를 반시간 정도 담가 두었을 때 그들의 발아를 막았다. 118도를 다른 조리 온도와 비교하면, 어떤 방식으로든 부엌에서 가하는 열에서는 음식 속의 효소가 파괴되지 않을 수 없다는 것을 알 수 있게 된다.

날 것의 상태에 있는 기름과 꿀은 섭취할 경우 효소 활성을 가지고 있는가?

가공하지 않고, 진하고 탁한 올리브 기름은 리파아제의 좋은 원천이다. 한때는 이러한 종류의 올리브 기름이 스페인과 이탈리아에서 좋은 평판을 받고 있었다. 여자들이 그것을 머리와 피부에 사용하였고, 값이 비쌌다. 자연 상태에 있는 모든 기름과 지방은 리파아제를 가지고 있지만, 오늘날의 맑은 기름들은 가지고 있지 않다. 비만과 지방종에 걸린 사람에게는 리파아제가 작은 양밖에 없다. "효소 영양학" 책에서 나는 음식에 있는 리파아제는 콜레스테롤을 억제함으로써 심폐혈관의 질환에 좋은 영향을 미친다는 수많은 논문을 제시한 바 있다.

자연 상태의 생꿀은 여러 효소들을 가지고 있는데, 아밀라아제(디아스타제)가 가장 잘 알려져 있다. 그것은 전분을 분해한다. 선선한 기후에서는 추출된 꿀이 액체상태에서 반투명한 고체상태로 굳어진다. 이것은 상품으로서의 가치를 떨어뜨리기 때문에 저온살균법의 온도(화씨 145도)에서 72 시간 정도 오래 가열한다. 이는 꿀을 상점의 진열대에서 맑은 상태로 유지해주지만, 불행하게도 효소는 파괴된다. 과학에 의해 꽃가루에서 유래했지 꿀벌로부터 나온 것이 아니라는 것이 밝혀진 아밀라아제 때문에 항상 꿀은 유명했다. 이전에는 독일과 화란에서 효소를 높이 평가했고 그의 효소 함량에 따라 꿀의 등급을 정하는 것을 법제화했었다.

요로법에 대해서는 어떻게 생각하는가? 요독이 장관벽에 의해 걸러지고 신체가 오줌, 즉 수용성 비타민과 미네랄의 순환에 의해서 유익을 얻는다는 것에 대해서 큰 인상을 받고 있다.

내가 백색증의 쥐 집단을 생식과 화식으로 사육했을 때, 특정 기간동안 오줌과 대변에서 배출되는 아밀라아제를 매일 측정했다. 비록 소화관에 부어지는 엄청난 양의 효소 중에서 미미한 양의 효소의 손실이 있었지만, 그것을 토양에 주었을 때 식물이 잘 자랐다. 자가 요로법에 대해서는 나는 경험이 없고, 그것에 대한 문헌도 읽어 본적이 없다.

마지막으로 효소가 풍부한 음식의 섭취가 생태적 위기와 기술적인 재앙에 직면한 세대에게 있어서 어떻게 하나의 도구로 사용될 수 있는지에 대해서 말할 것이 없는가? 그것이 우리를 환경적인 독과 방사능, 그리고 질병으로부터 보호해줄 수 있겠는가?

글을 통해서 반복해서 지적을 해왔듯이 높은 효소 포텐샬을 유지하는 것은 신체로 하여금 흡연과 고주파 방사, 독성 화학물질, 그리고 질병의 예방과 치료를 대응할 수 있도록 하는 유일한 길이다. 신체를 혼란으로부터 지키기 위해서는 효소의 작용을 제외하고는 다른 어떤 메카니즘도 없다. 신체에서 무엇인가를 하는 유일한 기구가 효소의 활동이라는 것을 알아야만 할 때, 자연이 치료한다고 말하는 것은 모호한 것이다. 호르몬은 효과가 없다. 비타민도 아무런 일을 할 수가 없다. 미네랄이 어떤 일을 하도록 만들 수는 없다. 단백질로는 효과가 없다. 자연은 효과가 없다. 오직 효소만이 역할을 한다. 따라서 치료하는 것은 효소이다. 그러므로 신체가 좋은 건강과 긴 수명을 위해서 필요한 다양한 효소들을 모두 만들 수 있는 능력을 F-자임 개념에 포함되어 있는 방법들을 가지고 높은 수준으로 유지해야만 한다.

죠지 버나드 쇼우가 그의 절정기에 다다랐을 때 내가 정확한 어휘들을 가지고 있지 않기 때문에 기억을 더듬어서 회상해내야 할 말을 했다. 효과적으로 그는 여기 저기를 방황하는 한 때 인상적이었던 G.B.S.의 유령처럼 남아있는 잔영을 바라보는 것에 사람들이 싫증이 나게 되고 혹자가 그가 희미해지면서 영원히 장면에서 사라지기를 기대하게 될 때까지 자기가 오랫동안 주변에 머물러 왔었다고 말했다. 내가 다른 곳에서 설명했던 것처럼, 80

세가 넘는다는 것, 그리고 젊은 시절처럼 에너지가 넘치는 것, 어렸을 때의 실수와 보증할 수 없는 수술에 의해 내 신체가 손상을 입지 않도록 지키는 것, 나는 세기적인 목표에 도달하는 것이 가능하다고 느낀다. 그처럼 나는 오랫동안, 또는 해결이 절실한 여러 가지 성가신 문제들에 열중하지 않을 수 있을 때까지 여기의 주변에 남는다는 계획을 세우지 않는다.

가장 적절하고 가치있는 발견들을 나누어주신 것을 무척 감사하게 생각한다. 당신을 개인적으로 다시 만날 수 있는 날을 기대하겠다.

부록 II 용어 해설

가

가슴림프관팽대(cisterna chyli): 허리부분에서 시작되는 후두부 도관의 팽창 부위

경변증(硬變症;cirrhosis): 섬유성 또는 결절성 강직(强直)으로 생긴 질환

그레이브씨 병(Grave's disease): 여성에게 잘 걸리는 갑상선의 자가 면역질환

그레인(grain) : 무게를 재는 단위로 1온스의 480분의 일(1 grain = $\frac{1}{480}$ oz)

글로블린(globulin): 단순단백질의 한 군의 총칭. 알부민과 함께 동식물의 조직 및 체액에 주로 존재한다. 1907년 국제회의에서 제안되어 단순단백질 중 물에 잘 용해되는 것을 알부민(albumin), 용해되지 않는 것을 글로불린이라고 총칭하기로 하였으나, 양자의 명확한 구별은 곤란하며 중간적 성질을 가진 것을 슈도글로불린(pseudoglobulin)이라 하여, 유글로불린(euglobulin)과 구별하기도 한다. 또, 글로불린으로 알려져 있는 것 중에는 알부민의 경우와 같이 복합단백질로 밝혀진 것도 많다

글루틴(glutin): 전분의 끈기를 나타내게 하는 단백질

나

내인성(內因性) 효소: 인체 내에서 만들어지는 효소, D-자임과 M-자임이 이에 속한다

뉴크레아제(nuclease): 핵산이나 그 분해물인 뉴클레오티드 ·뉴클레오시드에 작용하는 효소의 총칭

다

다이펩티다제(dipeptidases): 단백질 소화의 마지막 과정에서 작용하는 가수분해 효소

다형핵의(polymorphonuclear): 핵이 여러 개인 것처럼 보이도록 잎 모양 또는 극도로 분할된 핵을 가지고 있는

단독(丹毒, erysipelas): 연쇄구균에 의한 피부 및 피하 조직의 질환

단위(unit): 효도의 효율성을 측정하는 기준. 단위가 높을수록 활성이 높다.

대사작용(metabolism): 생체내에서 일어나는 일련의 화학반응으로서 생명의 지탱에 필수적인 과정. 동화작용과 이화작용으로 이루어져 있음

동화작용(anabolism): 대사의 한 과정으로서 간단한 물질로부터 복잡한 물질을 생성하는 과정

디아스타제(diastase): 녹말을 분해하는 효소

디스퍼마토시스(Dysfermatosis): 피부 질환의 일종

D-자임(digestive enzyme): 소화에 관여하는 효소

디하이드로게나제(dehydrogenase): 기질(基質)로부터 수소가 떨어져나가는 탈수소반응을 촉매하는 효소

라

라이가제(ligase): ATP라는 에너지를 사용하여 분자결합의 생성을 촉매하는 효소

락타아제(lactase): 락토오스(젖당)를 가수분해해서 글루코오스와 갈락토오스를 생성하는 효소

레이어트릴(laetrile); 살구씨에서 추출한 항암제

레쥬빌락(rejuvilac): 2-5일 동안 밀을 물에 담그어서 만든 음료의 일종

리파아제 (lipase): 지방을 지방산과 글리세롤로 가수분해하는 효소

림프절(lymph node): 림프관의 군데군데에 분포하는 결절상의 소체. 림프구를 생성하며, 림프관을 통하여 혈액 속에 보내는 작용 외에도 림프가 림프절을 흐를 때 림프 속에 함유되어 있는 세균 등의 유해물을 억류하여 혈액 속에 들어가는 것을 막는다. 일종의 림프 여과기와 같은 구실을 한다

마

마른 버짐(psoriasis): 건선(乾癬)이라고도 한다. 환부가 건조하여 인설(鱗屑)이 생기는 만성 피부 질환. 염증성 각화증(炎症性角化症)의 일종으로, 여러 가지 크기의 붉고 평평한 병변(病變)이 생겨 그 표면에 은백색의 돌비늘같이 보이는 각층이 두껍게 겹쳐 쌓여서 저절로 떨어지나, 그 밑에서 잇달아 생겨난다

말타아제(maltase): 엿당(maltose)을 가수분해하여 2분자의 글루코오스(포도당)를 생성하는 효소

말토즈(maltose): 2분자의 포도당이 α-1, 4결합한 이당류. 맥아 속에 다량으로 함유되어 있기 때문에 맥아당이라고도 한다

면역복합체(immune complex): 항체와 항원의 결합으로 생성되는 물질로서 일단 형성되면 제거가 무척 어려워 병의 원인으로 작용함

명현현상: 인체가 치유되는 과정에서 일시적으로 병적인 증상이 심하게 나타나는 현상

메틸부티라제(methylbutyrase): 메틸부틸기에 작용하는 효소

무산증(achylia): 위액에 염산과 펩신이 없는 상태

문맥(門脈;portal vein): 복부의 소화기(위·장·이자)와 지라에서 나오는 정맥혈을 모아 간으로 운반하는 정맥

미네랄(mineral): 자연계에서 존재하는 무기물질로서 독특한 구조와 결정학적 특징을 지님

맥아당 : 포도당 두분자가 결합된 아당류, 말토스 maltose

미크릭씨 병(Mikulicz's disease): 양성질환으로서 림프구의 자기 제한적 침윤과 눈물샘 및 타액선의 비대가 수반되는 병

바

백혈구 증가증(Leukocytosis): 식후에 혈액 중의 백혈구 숫자가 증가하는 현상

백혈병(Leukemia): 조혈기(조혈조직)의 암이라고 할 수 있는 질병으로, 발병빈도는 낮지만 한번 발병하면 생명이 위험하다

부전마비(不全痲痺;paresis): 신체의 일부분만이 경미하게 마비되는 증상

비타민(vitamin): 인체가 필요로 하는 미량 물질로서 생명을 뜻하는 라틴어인 비타와 예전 연구자들이 아민계통의 물질이라고 생각했던 것에서 유래된 명칭

사

사카라제(saccharase): 특정 종류의 탄수화물에 작용하는 효소

산도(酸度 pH): 잠재적인 수소량의 수치로 7을 중성으로 하여 7보다 크면 알카리성, 7보다 낮으면 산성으로 불림

산독증(acidosis): 산의 축적이나 염기의 소실로 인한 인체의 병적 상태

산화(oxidation): 한 물질이 가지고 있는 전자를 다른 물질로 전달하는 과정으로 흔히 산소와 다른 물질간의 과정이 일어나므로 산화라 불림

선단동통증(vegetative neurosis; acrodynia): 유아기 및 소아기의 질병

섬유(fiber): 음식중에 소화되지 않는 성분, 특히 식이섬유는 장운동을 활성화 시킴

섬유상 글로브린(fibrin globulin): 혈전을 구성하는 주성분인 비용해성의 단백질

섬유소(fibrin): 혈액응고의 기본 성분으로서 효소인 스롬빈과 단백질 성분인 피부리노겐으로 구성

써모그래피(Thermography): 감열재료(感熱材料)를 사용하여 화상형성(畵像形成)을 하는 방식

소양증(搔痒症;pruritus): 소양(가려움)을 주증세로 하는 피부병

슈도글로브린(pseudoplobulin): 물에 녹는 단백질의 한 부류

슈크라제(sucrase) : 수크로오스를 가수분해하여 글루코오스와 프룩토오스로 만드는 효소

심장분획(cardiac section): 위장의 상반부로서 심장쪽에 위치한 부분

아

아데노이드(adenoids): 인두(咽頭)의 보호기관인 인두편도(咽頭扁桃)가 여러 가지 장애를 일으키는 질환

아미노산(amino acid): 질소, 탄소, 산소, 수소로 이루어진 유기화합물로 단백질과 효소를 구성하는 기초물질

아밀라제(amylase): 다당류를 가수분해하는 효소. 녹말(아밀로오스 및 아밀로펙틴)이나 글리코겐과 같이 α-결합의 글루코오스로 되어 있는 다당에 작용한다. 작용하는 양식에 따라 α-아밀라아제, β-아밀라아제, 글루코아밀라아제의 3종으로 나눈다

아밀롭신(amylopsin): 척추동물의 췌장에서 분비되는 아밀라아제

아세톤 바디(acetone body) : 케톤바디라고도 하며 케톤(ketone)을 함유한 물질을 가리킴

악액질(cachexia): 만성 전염병이나 암 등으로 전신이 쇠약해진 상태

알브모스(albumoses): 탄수화물을 함유하고 있는 알부민

암죽(chyle): 소화관에 모이는 젖이나 죽 같은 림프

에데스틴(edestin): 대마에 있는 글루테린(Glutelin), 물에 녹지 않고 묽은 염류용액에 녹는 단백질이며 대부분이 열에 의하여 응고된다

에렙신(erepsin): 장액(腸液)에 함유되어 있는 몇 가지 단백질 분해효소

에스터라제(esterases); 가수분해효소 중 에스테르결합을 가수분해하는 효소

에테르(ether): 빛을 파동으로 생각했을 때 이 파동을 전파하는 매질(媒質)로 생각되었던 가상적인 물질

엔텔레키(entelechy): 하나의 지도적인 원기로서의 가상의 생기적 본질

F-자임 위장(food enzyme stomach): 심장분획을 일컫는 다른 말로서, F-자임이 활발하게 작용하는 위치이기 때문에 붙여진 이름이다

엑크(Eck) 누관: 심장 근처의 혈관과 문맥 사이에 꽂은 누관

옥시다제(oxidase): 산화환원효소 중에서 분자상인 산소를 수소수용체로 하는 효소

외인성(外因性) 효소: 인체의 밖에서 공급되는 효소, F-자임이나 미생물에 의해서 공급되는 효소들이 이에 속한다

우레아제(urease): 요소를 가수분해하여 암모니아와 이산화탄소를 생성하는 반응에 관계하는 효소.

유글로브린(euglobulin): 물에는 녹지 않으나 식염수에는 녹는 단백질의 한 부류

유미관(chyle duct/lacteal): 소장의 융털이나 장간막에 있는 림프관

유사 지질(類似 脂質; lipoids): 클로로포름 ·아세톤 ·에테르 등의 지방용제에 녹는 천연물. 지질(lipid)을 닮았다는 뜻에서 이 이름이 붙었다. 이른바 지방 이외의 물질을 가리킨다. 복합지방이라고도 하며, 인지질과 당지질 등이 여기에 해당된다

위액결핍증(achylia): 무산증(위산결핍증)의 일종으로 위액 분비의 저하 또는 소실되는 증세

위축(萎縮;atrophy): 생물체의 기관이나 조직의 기능・부피・수가 감소하는 상태

이성화효소(isomerase): 대표적인 여섯 가지 효소중의 하나로 화학구조는 동일하나 입체구조는 다른 물질의 생성을 촉매하는 효소. 포도당(glucose)을 과당(fructose)으로 전환시킴

이화작용(catabolism): 대사의 한 종류로 복잡한 물질을 단순한 물질로 분해하는 과정

ETU: 태아의 기형과 암을 유발하는 물질

인슐로이드(insuloids): 인슐린과 비슷한 특성을 보이는 물질

자

자유전자(free radical): 비공유전자쌍을 한개 이상 가지고 있는 분자로서 무척 불안정함. 인근의 다른 분자와 반응하여 세포에 치명적인 해를 끼침. 파괴과정이 계속되면 인체는 노화하며 여러 질환을 야기함

장간막(腸間膜;mesentery): 장을 매달아 유지하는 복막의 일부분

전소화(predigestion): 위장의 아래 부분과 십이지장에서 소화가 이루어지기 전에 위장의 윗부분에서 F-자임에 의하여 이루어지는 소화작용

정맥 갱구(vena portae): 문맥, 췌장과 간과 연결되는 짧고 굵은 대혈관

제주날(jejunal) 누관: 십이지장과 회장 사이의 소장 부분에 꽂은 누관

조인자(cofactor): 비단백질 성분으로 효소의 활성화에 필수 요소

조효소(coenzyme): 비단백질 유기 물질로서 효소가 활성을 나타내도록 만드는 물질

차

촉매(catalyst): 화학반응의 속도를 증가시키면서 자기 자신은 변화하지 않는 물질

카

카뎁신(Cathepsin): 단백질을 분해하는 동물의 세포내 효소군. 동물이 죽었을 때 자기소화를 일으키는 데에서, 세포 내에 단백질 분해효소(프로테아제)가 존재하는 사실이 일찍부터 알려져 있었는데, 카뎁신은 그 중의 하나이다

카타라제(catalase): 과산화수소 2분자로부터 물 2분자와 산소 1분자가 생기는 반응을 촉매하는 효소로 항산화 물질의 일종이다

카타르(catarrh): 조직의 파괴를 일으키지 않는 점막의 삼출성(滲出性) 염증. 병리학 용어로는 카타르성 염증을 말한다

케톤증(ketosis): 케톤체가 혈액 중에 증가하여 뇨(尿) 중에 생성 ・축적된 상태. 동물의 체내에서 지방산이 산화분해하는 과정에서 생기는 케톤체가 당뇨(糖尿), 기아, 마취시, 산증(酸症), 고지방 저탄수화물 급여 등에 의한 과잉으로 축적된 상태를 말한다

콜린에스터라제(cholinesterase): 콜린에스테르를 가수분해하는 효소

크로마토그래피: 색소물질을 흡착제에 의해서 분리하는 방법. 색층분석(色層分析)이라고도 한다

타

탄수화물(carbohydrate): 탄소, 수소, 산소가 1대2대1로 결합된 유기물질로서 인체의 중요 에너지원

티리-벨라(Thiry-Vella) 누관: 내부적으로 폐쇄된 장의 환형구조에 인위적으로 구멍을 뚫어서 꽂은 누관. 장의 분획을 통하여 표면과 환

형구조 사이에 유착된 복부벽과 연결되어 있다

트리부티리나제(tributyrinase): 트리부티린을 분해하는 효소

트립신(trypsin): 췌장액에서 분비되는 단백질 분해효소

파

파파인(papain): 단백질 분해효소의 일종, 열대과일 파파야에서 유래

판크레아틴(pancreatin): 돼지나 소의 췌장에서 얻어지는 물질로서 아밀라제, 프로테아제, 리파아제 효소 등이 들어있다

패스처리제이션(pasteurization): 보통 60~80℃의 물 속에서 24시간마다 30~60분간씩 3~7회 가열하여 살균하는 방법. 저온간헐살균이라고도 한다. 고온에서는 변화를 일으키거나 분해되는 물질(비타민・단백질 등)을 함유하는 액체의 살균에 쓰인다

페록시다제(peroxidase): 산화제(酸化劑:수소수용체)로서 과산화수소를 이용해 기질(基質)을 탈수소화시키는 반응을 촉매하는 효소

펩신(pepsin): 척추동물의 위액에 함유된 단백질 분해효소

펩티다제(peptidase): 단백질 분해효소의 일종으로 펩티드결합을 가수분해하는 효소

포스파타제(phosphatase): 인산에스테르 및 폴리인산의 가수분해를 촉매하는 효소

포텐샬(potential) : 일할 수 있는 능력 예) 효소 포텐샬, 효소가 일할 수 있는 능력

폴리펩티드(polypeptide): 2개 이상의 아미노산이 사슬 모양의 펩티드결합으로 길게 연결된 것. 단백질과 같은 뜻으로 쓰기도 하나 보통 분자량이 작은 단백질을 가리킬 때 쓰인다

프라나(prana): 힌두교에 따르면, 우주에 가득한 생명에너지이다. 이것은 기의 인도식 표현이다

프로테아제(protease): 단백질과 펩티드결합을 가수분해하는 효소

프티알린(ptyalin): 침 속에 함유되어 있는 아밀라아제. 녹말을 가수분해하여 말토오스로 만드는 소화효소이며, 이 작용은 구강 내에서는 충분히 진행할 시간이 없고, 보통 위액에서 강한 산성이 될 때까지 15~20분간 위 안에서 소화가 계속된다

피부경화증(Scleroderma verum): 결체조직의 만성적 경화 및 수축

필수영양소(essential nutrients): 우리 몸의 기능을 위해서 반드시 필요하나 인체내에서 자체적으로 생산되지 않는 영양성분, 반드시 음식을 통해 섭취해야 함

하

항산화제(antioxidant): 산화반응에 의해 파괴되는 과정을 억제하는 물질

항원(antigen): 인체가 적이라고 인식하는 외래 물질로서 항원에 의해 파괴된다

항체(antibody): 인체에 침입한 적(항원)을 파괴하기 위해 면역체계에 의해 생성되는 거대 단백질

호산성의(eosinophilic): 장미색의 염료인 에오신(Eosin)에 잘 염색되는

활성위치(activie site): 효소와 기질을 연결하는 효소내의 위치

효모(酵母) : 미생물의 일종, 이스트 yeast 라고도 함

효소(enzyme): 생체내의 모든 반응을 촉매하는 활성 단백질

효소 억제제(enzyme inhibitor): 효소 활성을 억제하는 물질

효소 포텐샬(enzyme potential): 일생동안 인체가 만들어낼 수 있는 효소의 잠재적 총량

흡수(absorption): 물질 (기질)이 세포 속으로 들어가는 현상으로 신장, 대장 등 인체의 모든 장기에서 이루어짐

흡착(adsorption): 물질이 다른 물질의 표면에 부착되는 과정

[단위환산 일람]

1. 화씨(°F) = 1.8(섭씨℃) + 32
2. 피트(ft) = 0.3048미터(m)
3. 인치(inch) = 0.025미터(m)
4. 온스(oz) = 0.028킬로그램(Kg)
5. 파운드(LB) = 0.453킬로그램(Kg)

찾아보기

ㄱ

ㄴ

ㄷ

ㄹ

ㅁ

ㅂ

ㅅ

ㅇ

ㅈ

ㅊ

ㅋ

ㅌ

ㅍ

ㅎ

C

D

F

L

M

T

역자 소개

김기태 박사
서울대, 한국과학기술원 졸업
고신대학교 교수 역임
(주)크레아젠 대표이사 역임
현) (주)크레아젠 이사
www.food-origin.pe.kr

신현재 박사
인하대, 한국과학기술원 졸업
영국 웨스트민스터 대학
한국생명공학연구원
현) (주)엔지뱅크 대표이사
www.enzbank.com

김혜진
이화여자대학교 졸업
역삼중학교 교사

효소영양학개론 가격 : 10,000원

초판 1쇄 발행일 · 2003년 3월 25일
초판 2쇄 발행일 · 2011년 3월 25일
발행인 · 신현재

인쇄처 · 도서출판 한림원
서울시 중구 오장동 206-3 넥서스타워 F12
Tel : 02)2273-4201, Fax : 02)2273-4240
E-mail : hanrim@hanrimwon.co.kr
http://www.hanrimwon.co.kr

출판등록 · 1988년 8월 23일 제2-642호